Gabriele Arnold

POLLENANALYTISCHE UNTERSUCHUNGEN ZUR VEGETATIONSGESCHICHTE UND SIEDLUNGSENTWICKLUNG IM SÜDLICHEN NIEDERRHEINISCHEN TIEFLAND BEI WICKRATHBERG AN DER NIERS

ARBEITEN ZUR RHEINISCHEN LANDESKUNDE

ISSN 0373–7187

Herausgegeben von
H. Hahn · W. Kuls · W. Lauer · P. Höllermann · W. Matzat · K.-A. Boesler
Schriftleitung: H.–J. Ruckert

Heft 55

Gabriele Arnold

Pollenanalytische Untersuchungen zur Vegetationsgeschichte und Siedlungsentwicklung im südlichen Niederrheinischen Tiefland bei Wickrathberg an der Niers

1986

In Kommission bei
FERD. DÜMMLERS VERLAG · BONN
— Dümmlerbuch 7155 —

Pollenanalytische Untersuchungen zur Vegetationsgeschichte und Siedlungsentwicklung im südlichen Niederrheinischen Tiefland bei Wickrathberg an der Niers

von

Gabriele Arnold

Mit 3 Abbildungen, 3 Tabellen und 5 Tafeln

In Kommission bei
FERD. DÜMMLERS VERLAG · BONN
1986

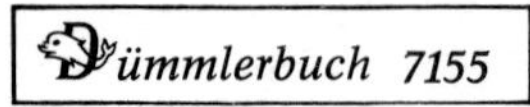

Gedruckt mit Unterstützung der Stadt Mönchengladbach, Stadtarchiv

ISBN 3-427-**71551**-5

Herstellung: Richard Schwarzbold, Witterschlick b. Bonn

Vorwort

Die vorliegende Arbeit befaßt sich mit der Vegetations- und Siedlungsgeschichte des niederrheinischen Tieflandes. Es sind Ergebnisse einer Diplom-Arbeit (1982/83) am Geographischen Institut, die von Professor Dr. Wolfgang Kuls betreut wurde. Sie basieren in erster Linie auf der Pollenanalyse zweier Bohrprofile in holozänen Aueablagerungen bei Mönchen-Gladbach. Es wurde besonders der Bedeutung pollenanalytisch gewonnener Einsichten für die Klärung der Siedlungsentwicklung nachgegangen, die in diesem Falle, wenn auch nicht lückenlos, vom Mesolithikum an verfolgt werden konnte. Die Verfasserin zeigt die speziellen Möglichkeiten und die Grenzen einer kulturlandschaftlichen Interpretation von Pollenanalysen auf.

Den Herausgebern erschienen die Ergebnisse als ein Beitrag zur Vegetations- und Siedlungsgeschichte des niederrheinischen Tieflandes von breitem Interesse, so daß ihre Publikation wünschenswert ist. Die Pollenanalysen wurden mit dankenswerter Unterstützung des Instituts für Bodenkunde (Direktor: Professor Dr. H. Zakosek) durchgeführt.

Die Herausgeber

Inhaltsverzeichnis | Seite

1. Einleitung

Aufgabe der vorliegenden Untersuchung ist, ausgehend von methodischen Überlegungen über die Kriterien, wie kulturlandschaftsgenetische Strukturen und Strukturveränderungen pollenanalytisch erfaßbar sind, am Beispiel der Siedlungsentwicklung im Raum Wickrathberg zu untersuchen und darzustellen, welche Möglichkeiten die Pollenanalyse bietet, Beiträge zur geographischen Kulturlandschaftsforschung zu liefern.

Die Forschungen zur Kulturlandschaftsentwicklung setzten in Mitteleuropa vor allem mit den Arbeiten von GRADMANN (1901; 1939; 1948; 1950) und SCHLÜTER (1952/53/58) ein. Ihnen folgten überaus zahlreiche weitere Beiträge von geographischer Seite, in denen die Pollenanalyse als Untersuchungsverfahren allerdings kaum Verwendung gefunden hat. Zu nennen ist an dieser Stelle jedoch die Veröffentlichung von SCHARLAU aus dem Jahr 1954, in der vorhandene Pollendiagramme unter siedlungsgeographischen Gesichtpunkten ausgewertet worden sind.
Im Gegensatz zur Geographie sind von botanischer und archäologischer Seite zahlreiche pollenanalytische Beiträge zur mitteleuropäischen Siedlungsgeschichte erschienen (vgl. FIRBAS 1937,1949/52; IVERSEN 1941,1949; BURRICHTER 1969,1976; LANGE 1971; SCHÜTRUMPF 1972/73; STRAKA 1975a,1975b; KRAMM 1978; KALIS 1981,1983)[1].
Der Archäologe WELINDER (1975) zum Beispiel versuchte durch Verknüpfung von archäologischer Landesaufnahme mit der Auswertung pollenanalytischer Diagramme landwirtschaftliche Wirtschaftsweisen zu rekonstruieren.

Der Gedanke, die Pollenanalyse in den Dienst der Kulturlandschaftsforschung zu stellen, beruht auf der Überlegung, daß mit der Besiedlung eines Raumes anthropogene Eingriffe in die Pflanzenwelt verbunden sind, da der Mensch die natürlichen Pflanzengesellschaften sowohl direkt seinen Bedürfnissen entsprechend umformt als auch durch indirekte Eingriffe verändert.
Es stellt sich hierbei die Frage, inwieweit die Pollenanalyse anthropogenbedingte Vegetationsveränderungen bzw. Pflanzenbestände, die im einzelnen Indi-

----

1) Ein umfangreiches Literaturverzeichnis über pollenanalytische Arbeiten zur Siedlungsgeschichte Mitteleuropas liegt in der Arbeit von LANGE (1971) vor.

katoren bestimmter Siedlungsabläufe und Nutzungsformen sind, erfassen kann und inwieweit diese Ergebnise Rückschlüsse auf den räumlichen und zeitlichen Ablauf der Kulturlandschaftsentwicklung erlauben.
Ziel dieser Arbeit ist somit, die für die Anwendung der Pollenanalyse in der geographischen Kulturlandschaftsforschung methodischen Voraussetzungen und Probleme zu erläutern, um pollenanalytische Indikatoren für anthropogene Eingriffe bzw. Einflüsse (z.B. Rodungen, Wald- und Grünlandwirtschaft, Wüstungen) zu finden, auf deren Basis eine kulturlandschaftsgenetische Auswertung pollenanalytischer Daten möglich ist. Nach diesen methodischen Ausführungen werden am Beispiel pollenanalytischer Untersuchungen, die im Raum Wickrathberg durchgeführt worden sind, die kulturlandschaftsgenetischen Interpretationsmöglichkeiten der Pollenanalyse dargestellt.
Hierbei soll vor allem versucht werden, Siedlungserscheinungen wie Rodungen, Bodennutzungsformen, Bodennutzungssysteme und Wüstungen zu erfassen. Darauf aufbauend wird untersucht, ob und inwieweit die pollenanalytischen Ergebnisse Rückschlüsse auf die räumliche und zeitliche Differenzierung sowie auf die räumlichen Auswirkungen der verschiedenen anthropogenen Einflüsse ermöglichen. Die Ergebnisse dieser Untersuchung werden mit pollenanalytischen Arbeiten, die aus dem niederrheinischen Raum und aus anderen mitteleuropäischen Räumen vorliegen, verglichen und durch diese ergänzt.
Selbstverständlich kann die Komplexität der Kulturlandschaften und der Kulturlandschaftsentwicklung nicht allein durch pollenanalytische Untersuchungen erfaßt werden. Hierfür ist eine Zusammenarbeit verschiedener wissenschaftlicher Disziplinen und methodischer Forschungsansätze der Kulturlandschaftsforschung notwendig. Aus diesem Grund werden, soweit es im Rahmen dieser Arbeit möglich ist, Erkenntnisse anderer Forschungsrichtungen, vor allem der Archäologie und Paläoethnobotanik, sowohl in Kapitel 4 als auch in Kapitel 7 vergleichend und ergänzend herangezogen.

2. Untersuchungsgebiet

Die Standorte der Bohrprofile zu den Pollendiagrammen Wickrathberg I und Wickrathberg II (im folgenden WI und WII genannt) liegen in der Gemeinde Wickrath bei Wickrathberg südlich von Mönchengladbach zwischen dem westlichen Niersufer und dem Broicherhof im Bereich einer verlandeten Rinne der Niers (s. Abb.1 u. Abb.2).
Die Abgrenzung des Einzugsgebietes der Pollendiagramme WI und WII und damit des hier zugrundeliegenden Untersuchungsgebietes wurde unter Berücksichtigung der verschiedenen Pollensedimentationsformen vorgenommen. Die überwiegend äolische, z.T. auch fluviatile und limnische Pollensedimentation - so auch an den limnisch bis limnisch-fluviatilen Standorten WI und WII - ergibt ein mehr oder weniger großes Einzugsgebiet mit sowohl standörtlichem Pollenniederschlag als auch solchem der näheren und ferneren Umgebung. Da in einer stark entwaldeten Kulturlandschaft Weit- und Fernflug der Pollen gefördert werden, ist es in Hinblick auf die vegetations- und siedlungsgeschichtliche Interpretation der Pollendiagramme nicht sinnvoll, das Untersuchungsgebiet mit einem Radius von 10 km[2] um Wickrathberg zu begrenzen. Es ist zu bedenken, daß die Interpretation der Pollendiagramme auf pflanzensoziologischen und ökologischen Auswertungen beruht, bei denen der Weitflug- und Fernflugpollen berücksichtigt werden muß. Aus diesen Gründen geht die naturräumliche Beschreibung über die Umgebung Wickrathbergs hinaus und bezieht die für diese Untersuchung relevanten und wesentlichen naturräumlichen Gebiete des Niederrheins in die Betrachtung ein.

2.1 Natürliche Umweltbedingungen

Nach der naturräumlichen Gliederung von PAFFEN (Der Landkreis Grevenbroich 1963) liegt das Untersuchungsgebiet im Übergangsbereich der Niederrheinischen Bucht in das Niederrheinische Tiefland. Diese Übergangslage findet Ausdruck in einer relativ ungleichen, vielfältigen natürlichen Ausstattung.
Das Untersuchungsgebiet ist in ein leicht gewelltes, klimatisch wärmeres und

----

2) Nach STRAKA (1975a) wird der Pollen aus über 10 km Entfernung dem Weitflug- bzw. Fernflugpollen zugeordnet.

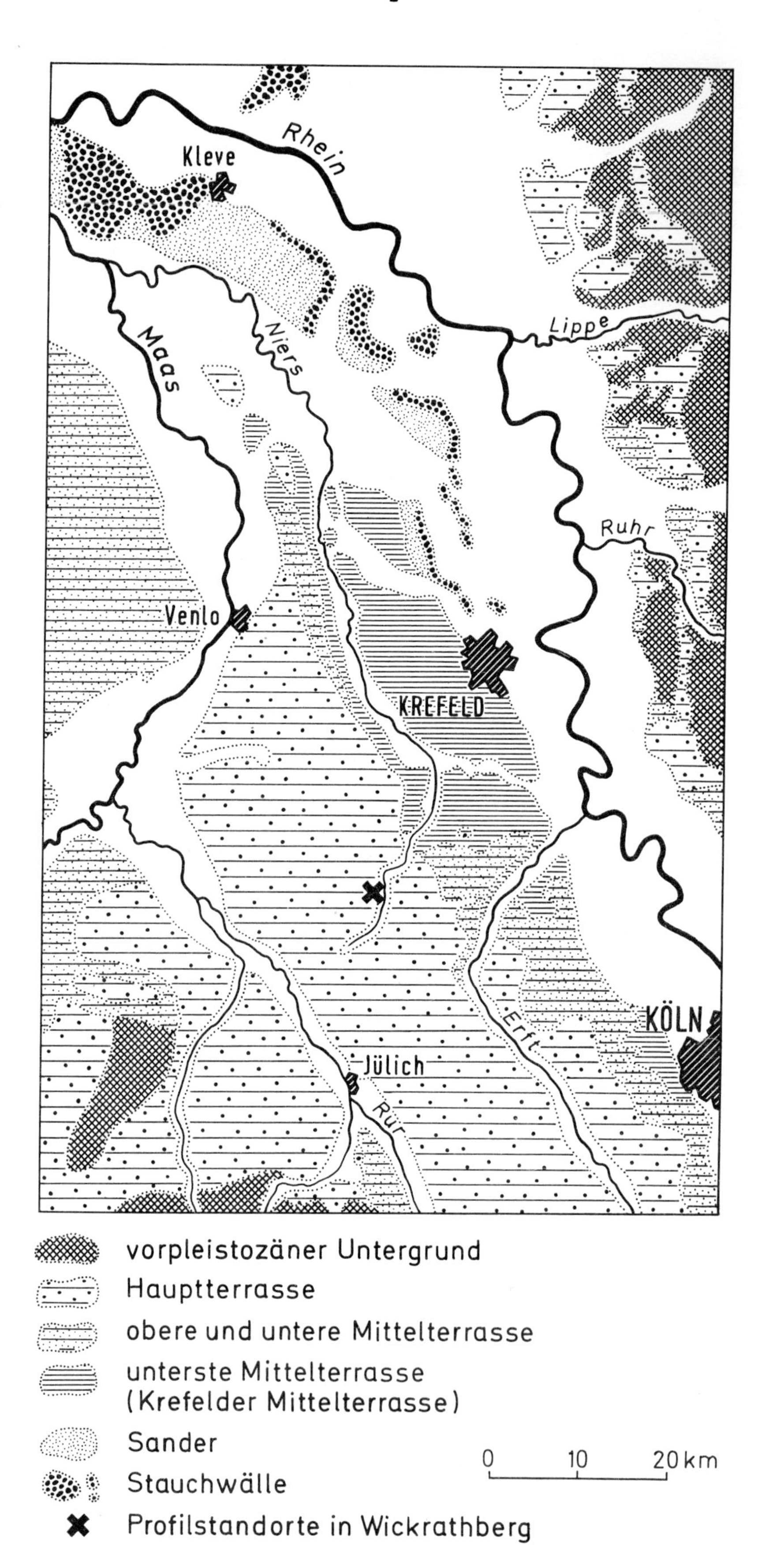

Abb. 1: Geographische und geologische übersicht (nach BRAUN, & QUITZOW 1961)

trockeneres Lößland mit fruchtbaren, weitgehend ackerbaulich genutzten Böden der Niederrheinischen Bucht und in einen kühleren und feuchteren Tieflandsbereich mit überwiegend grundwassernahen, nährstoffärmeren, zumeist grünlandgenutzten Böden zu untergliedern.

2.1.1 Klima

Innerhalb des wintermilden, mäßig sommerwarmen Klimas des Niederrheins nimmt die Umgebung Wickrathbergs klimatisch eine Zwischenstellung zwischen dem etwas trockeneren und wärmer getönten Klima der Niederrheinischen Bucht und dem etwas feuchteren und kühleren des Niederrheinischen Tieflandes ein (Der Landkreis Grevenbroich 1963, S.10-24).
Bezüglich der auf die Vegetationsgeschichte und Kulturlandschaftsentwicklung einflußnehmenden postglazialen Klimaverhältnisse und -veränderungen wird auf die Arbeiten von REHAGEN (1963), STRAKA (1975a) und FLOHN (1978,1979) verwiesen.

2.1.2 Geologie, Geomorphologie und Bodenkunde

Wickrathberg und seine Umgebung liegen auf einem etwa 25 m mächtigen Hauptterrassenkörper, der sich hier aus der von Maas- und Rheinschottern gebildeten älteren und der von Rheinschottern gebildeten jüngeren Hauptterrasse zusammensetzt (s.Abb.1). Südlich von Wickrathberg wird die Hauptterrasse fast lückenlos von Löß bedeckt. Am Abfall der Hauptterrasse zur Mittelterrasse zwischen Jüchen und Rheydt erreicht die Lößdecke mit fast 30 m ihre maximale Mächtigkeit. Ostwärts schließen sich an die Mittelterrasse Niederterrasse und Rheinaue an; nordwärts löst sich die Mittelterrasse immer stärker auf und weite Niederterrassenflächen, Sander und Stauchwälle werden landschaftsbestimmend. Im Tiefland nördlich von Wickrathberg ist keine flächendeckende,

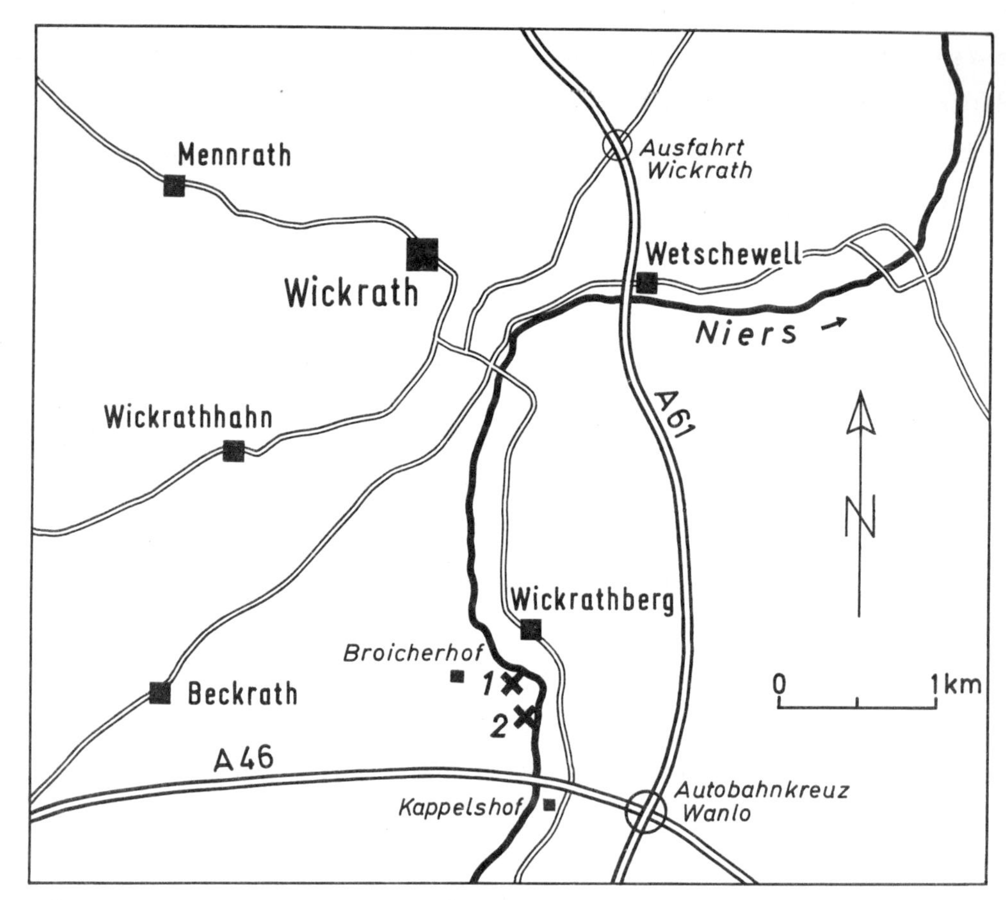

Abb. 2: Lage der Bohrprofile Wickrathberg I (WI) und Wickrathberg II (WII)

geschlossene Lößdecke vorhanden, sondern nur noch geringmächtige, inselartige Vorkommen. In der Niersniederung sind holozäne Hochflut- und Auenlehmbildungen sowie verlandete Flußmäander verbreitet (vgl. BREDDIN 1955; BRAUN, & QUITZOW 1961; DT. PLanungsatlas, Geologie 1976; PAAS 1977; BEONIGK 1978; BRAUN, & THOME 1978; KLOSTERMANN 1981).

Bodenkundlich zeigt sich folgende Differenzierung:

Tiefgründige, ertragreiche Parabraunerden aus Löß sind auf der lößbedeckten Haupt- und Mittelterrasse südlich, östlich und nordöstlich von Wickrathberg verbreitet. In den Bereichen des Hauptterrassenabfalls ist erosionsbedingt eine Rendzina aus Löß entstanden. Nördlich und westlich von Wickrathberg tritt der oben beschriebene Parabraunerdetyp aufgrund geringmächtigerer bzw.

fehlender Lößdecke nicht mehr großflächig, zum Teil gar nicht mehr auf. Hier überwiegen auf den älteren Terrassenflächen, Kempener und Aldekerker Platte sowie Dülkener und Büttgener Lehmplatte, Parabraunerden aus geringmächtigerem Löß, die ebenfalls ertragreiche, schon seit Jahrhunderten bewirtschaftete Böden sind. über verdichtetem Hauptterrassenkies treten in der Umgebung von Rheydt, Dülken und Viersen Pseudogleye aus Löß auf, die überwiegend grün- und waldwirtschaftlich genutzt werden. Im Südwesten des Niederrheinischen Tieflandes nehmen aus Sandlöß entstandene Braunerden einen weiten Bereich ein, der aufgrund der häufigen Pseudovergleyung dieser Böden (Pseudogley-Braunerde) stark bewaldet ist. Weit verbreitet sind im Niederrheinischen Tiefland Podsol-Braunerden aus Flugsand oder Terrassensand und die fruchtbaren Böden aus Hochflut- und Auenlehm (PAAS 1977).
Siedlungsgeschichtlich-archäologisch angelegte bodenkundliche Arbeiten wurden am Niederrhein bislang in erster Linie von SCHALICH (1981; 1983) und in Verbindung mit pollenanalytischen Untersuchungen von KALIS & SCHALICH (1981) an Bodenprofilen aus dem Raum Niedermerz, Obermerz und Malefinkbachtal (Niederrheinische Bucht) durchgeführt.
Die Ergebnisse dieser Untersuchungen belegen eine starke anthropogene Beeinflussung der Bodenentwicklung durch die Besiedlung der Lößlandschaft. Dies spiegelt sich nicht nur in den Bodenprofilen selbst wider, sondern auch in den durch die Kultivierung des Landes ausgelösten einebnenden Umlagerungsprozessen (vgl. BRUNNACKER 1978), die ihren Höhepunkt in nachrömischer Zeit erreichten.

2.1.3 Vegetation

Die gegenwärtige potentielle natürliche Vegetation, deren Kenntnis eine wesentliche Grundlage für die vegetationsgeschichtliche und kulturlandschaftsgenetische Interpretation von Pollendiagrammen ist, stellt sich nach TRAUTMANN (1972) und TRAUTMANN et al. (1973) im Untersuchungsgebiet wie folgt dar:

Das Untersuchungsgebiet liegt im Bereich des Eichen-Hainbuchen-Buchenwald-Gebietes des Flachlandes, das als Hauptgesellschaften Auenwälder, Eichen-Hain-

buchenwälder und Buchenwälder umfaßt (TRAUTMANN 1972, S.27).
Die Zweigliederung des Untersuchungsraumes in den Bereich der Niederrheinischen Bucht und des Niederrheinischen Tieflandes spiegelt sich auch in der potentiellen natürlichen Vegetation wider, da zwischen dem großflächigen, südlich von Wickrathberg beginnenden "Maiglöckchen-Perlgras-Buchenwaldgebiet" der Niederrheinischen Bucht und dem im Tiefland vorherrschenden "Flattergras-Buchenwald-Gebiet" zu differenzieren ist.
Weitere, im Untersuchungsgebiet jedoch nicht so ausgedehnte Waldgesellschaften sind der "Frische Eichen-Buchenwald" auf den aus Flugsand und Sandlöß gebildeten podsoligen und pseudovergleyten Braunerden der Schwalm-Nette-Platten, der "Trockene Eichen-Buchenwald" des Tieflandes auf den sandigen Talrändern und Sandterrassen sowie der "Traubenkirschen-Erlen-Eschenwald", der in den Tal- und Niederungsbereichen verbreitet ist und stellenweise auch heute noch in naturnaher Form anzutreffen ist. Auf den basenreichen Gleyen und Pseudogleyen in der Umgebung Wickrathbergs stellen die "Artenreichen Sternmieren-Stieleichen-Hainbuchenwälder" die potentielle natürliche Waldgesellschaft dar. Der Erlenbruchwald nimmt vor allem die feuchten bis niedermoorigen Niederungen der Schwalm-Nette-Platten ein.
Auf die Bedeutung der potentiellen natürlichen Vegetation für die vegetations- und siedlungsgenetische Interpretation von Pollendiagrammen wird in 4.2 eingegangen.

3. Methode

3.1 Geländearbeit und Aufbereitung der Proben

An den beiden Standorten Wickrathberg I und II wurden zunächst mit drei bis vier Probebohrungen diejenigen Lokalitäten ermittelt, an denen eine möglichst mächtige Rinnenfüllung zu erwarten ist. Die Profile WI und WII wurden bis zur Basis der Rinnenfüllung entnommen. Aufschlüsse oder Stichwände waren nicht vorhanden, an denen die Proben entnommen werden konnten.
Im Labor wurden von den Bohrkernen die äußeren Verunreinigungen entfernt und nach der sedimentologischen Profilbeschreibung (s. 5.) je nach Sedimentbe-

schaffenheit in 1 bis 2 cm lange Teile zerlegt.
Die Gewinnung der Sporomorphen erfolgte in Anlehnung an die Aufbereitungsmethode für Lösse nach FRENZEL (1964, S.7-12; vgl. URBAN 1978, S.13-15) sowie nach dem Acetolyseverfahren nach ERDTMANN (1934,1954).

3.2 Bestimmung des Pollens

Jede Probe wurde bei 320-facher Vergrößerung auf mindestens 100 Baumpollen (BP), ohne die standörtlich bedingten *Alnus*-Anteile, ausgezählt (Deckglasgröße 21x26 mm). Um von jeder Probe einen repräsentativen Querschnitt durch das Pollenspektrum zu erhalten, wurden die Zählreihen bei pollenreichen Proben über das Deckglas verteilt; die nicht ausgezählten Reihen wurden nach weiteren, vor allem seltenen Pollentypen durchgesehen. Pollen, die bei dieser Durchsicht erfaßt wurden, sind durch ein "D" gekennzeichnet. Von pollenarmen Proben wurden ein bis zwei Deckgläser vollständig ausgezählt.
Bei einigen baumpollen- oder pollenarmen Proben wurde die Mindestzahl von 100 BP nicht erreicht. Da die Differenz zur gewünschten Mindest-BP-Summe in den meisten Fällen nicht sehr groß und die Summe aller gezählten Pollen sehr hoch ist, dürfen auch die Auszählungen dieser Proben als repräsentativ eingestuft werden.
Die Bestimmung der Sporomorphen, für die ein Vergleichsherbarium mit rezentem Sporomorphenmaterial von Dr. URBAN-KüTTEL sowie mehrere Bestimmungsschlüssel aus der Literatur (GROHNE 1956/57; BEUG 1961; ERDTMANN 1969; FAEGRI, & IVERSEN 1975; STRAKA 1975a; MOORE, & WEBB 1978; KALIS 1979) herangezogen wurden, basiert in erster Linie auf dem Bestimmungsschlüssel von FAEGRI und IVERSEN.
Zu den BP wurden die Pollen von *Pinus, Picea, Abies, Popolus, Salix, Alnus, Betula, Corylus, Quercus, Acer, Fraxinus, Tilia, Fagus, Carpinus, Juglans* und *Castanea* gezählt. Der *Alnus*-Pollen geht in der vorliegenden Untersuchung aufgrund seiner standörtlichen Dominanz nicht in die BP-Summe ein.
Zu den Strauchpollen wurden die Pollen von *Ephedra distachya, Frangula alnus, Hedera helix, Ligustrum, Myrica, Ilex, Sambucus, Viburnum* und Cupressaceae gezählt. Ihr Anteil am Pollenniederschlag ist sehr gering.
In die Summe der Nichtbaumpollen (NBP) geht der Pollen terrestrischer Kräu-

ter, Ried- und Süßgräser ein, die für die vorliegende Untersuchung von großer Bedeutung sind, da sie ein breites Spektrum siedlungsgeschichtlich wichtiger Pflanzen umfassen.
Die Abgrenzung des Getreidepollen-Typs vom Wildgraspollen-Typ wurde nach der BEUGschen Definition für Getreidepollen durchgeführt (BEUG 1961, S.30ff; vgl. GROHNE 1956/57; FAEGRI, & IVERSEN 1975; MOORE, & WEBB 1978).
Vom Getreidepollen-Typ läßt sich der *Secale*-Typ (Roggen-Typ) abtrennen. Eine weitere Differenzierung der übrigen als Cerealia-Typ bezeichneten Getreidepollen mit Hilfe des Phasenkontrastverfahrens (BEUG 1961, S.37ff; GROHNE 1956/57, S.237ff) konnte aufgrund des schlechten Erhaltungszustandes des Getreidepollens nicht durchgeführt werden.
Neben den bislang genannten Pollentyp-Gruppen ist noch der Pollen der Ericaceae, der Sumpfpflanzen, der aquatischen Pflanzen sowie die Sporen der Moose, Farne, Bärlapp-, Moosfarn- und Schachtelhalmgewächse bestimmt worden.
Die Pollen und Sporen dieser Pflanzen sowie alle Indeterminate gehen nicht in die Berechnungssummen, sondern lediglich in die Gesamtsporomorphensumme ein.
Die Summe der BP und NBP ergibt die Gesamtpollensumme, die die Berechnungsbasis für das Gesamtpollendiagramm ist; im Baumpollendiagramm ist die Summe der BP die Berechnungsbasis.

3.3 Graphische Darstellung der Pollendaten

Bei der graphischen Darstellung der Pollenwerte wurde versucht, die kulturlandschaftsgenetische Fragestellung dieser Untersuchung zum Ausdruck zu bringen. Unter dieser Zielsetzng wurde für jedes Profil ein Hauptdiagramm (s. Tafel I u. II) angefertigt, in dem alle bestimmten Pollentypen, bis auf einige wenige, unbedeutende Einzelfunde, die unter Anhang II aufgelistet sind, nach pflanzensoziologisch-ökologischen Kriterien gruppiert sind.
Da für eine siedlungsgenetisch-geographische Interpretation von Pollendiagrammen sowohl die Waldgeschichte als auch die Entwicklung der mehr oder weniger stark gelichteten und offenen Pflanzenbestände von Bedeutung ist, sind die beiden Hauptdiagramme (s. Taf. I u. II) so konzipiert, daß durch eine Verknüpfung von BP-Diagramm und Gesamtpollendiagramm beide Aspekte gleichzei-

tig berücksicht werden.
Unter der Integration von BP- und Gesamtpollendiagramm ist zu verstehen, daß die Berechnungsbasis der prozentualen BP-Anteile die Summe der BP ist (BP-Diagramm) und sich die prozentualen Anteile aller übrigen Pollen und Sporen auf die Gesamtpollensumme beziehen (Gesamtpollendiagramm).

Weil die überwiegende Mehrheit der Pollen und Sporen lediglich einer ökologisch und soziologisch stark variierenden Pflanzenfamilie zugeordnet werden kann, die Anzahl der art- und gattungsspezifisch bestimmbaren Pollentypen bis auf die BP jedoch relativ gering ist, lassen sich von den erfaßten Pollentypen raumbezogene Pflanzeneinheiten nur in begrenztem Maße ausgliedern und dementsprechend in den Pollendiagrammen darstellen.
Für die Pollendiagramme wurden folgende pflanzensoziologische und ökologische Vegetationseinheiten, denen die erfaßten Pollentypen zugeordnet werden können, aufgestellt:

1.) <u>Gehölze</u>
   - *Pinus, Picea, Abies, Betula, Corylus, Fagus, Alnus*
   - *Salix* und *Populus*
   - thermophile Laubhölzer einschließlich Eichenmischwald-Gehölze (EMW)
   - Auenwaldelemente
2.) <u>Kulturpflanzen</u>
3.) <u>steppen- und siedlungsanzeigende Pflanzen</u>
   - Graspflanzen und Pflanzen in Tritt- und Kahlschlaggesellschaften
   - übrige steppen- und siedlungsanzeigende Pflanzen
4.) <u>Elemente der Zwergstrauchgesellschaften und Tundrenzeiger</u>
5.) <u>feuchtigkeitsliebende Pflanzen</u>
6.) <u>indifferente Pflanzen</u>
7.) <u>lokale aquatische Pflanzen</u>
8.) <u>niedere Pflanzen</u>
   - Polypodiaceae
   - *Equisetum*
   - *Lycopodium*
   - Bryophyta

Innerhalb einer Gesellschaftsgruppe wurden die einzelnen Pollentypen - mit Ausnahme der BP - in chronologischer Reihenfolge angeordnet, um die zeitliche Abfolge ihres Auftretens und ihrer Vorkommensschwerpunkte zu verdeutlichen.
Es ist zu beachten, daß art- und gattungsspezifisch bestimmte Pollentypen nicht in die Summe der jeweils zugehörigen Pflanzenfamilie eingegangen sind.
Außer den Hauptdiagrammen wurde zu jedem Profil ein Übersichtsdiagramm (s. Tafel III u. IV) erstellt, das in erster Linie einen Überblick geben soll über die prozentualen Verhältnisse von BP zu NBP, die aus den Hauptdiagrammen nicht direkt ersichtlich sind. Darüber hinaus geben diese Diagramme Aufschluß über die prozentualen Anteile einzelner bedeutender NBP (Cerealia- und *Secale*-Typ, Poaceae und Cyperaceae). Die Sauergräser wurden in die Übersichtsdiagramme aufgenommen, um auf eine lokale Herkunft der Cyperaceae aus dem Verlandungsbereich, die sich in hohen Pflanzenanteilen widerspiegelt, aufmerksam zu machen.

3.4 Altersdatierung der Pollenzonen

^{14}C-Datierungen der Profile WI und WII konnten im Rahmen dieser Untersuchungen nicht durchgeführt werden. Die relative Datierung der Profile beruht zum einen auf der Korrelation der lokalen Pollenzonen mit den überregionalen vegetationsgeschichtlichen Zonen nach FIRBAS (1949) und OVERBECK (1975) sowie mit den regionalen Pollenzonen nach KALIS (1981), die z.T. mit der ^{14}C-Methode sowie durch die Zuordnung der jungholozänen Vegetationsabschnitte zu siedlungsgeschichtlichen Entwicklungsphasen datiert worden sind.

3.5 Auswertung weiteren Daten- und Quellenmaterials

Für die zeitliche Verknüpfung der pollenanalytischen Ergebnisse mit der Siedlungsgeschichte sowie für die Ergänzung der pollenanalytischen Befunde zur Kulturlandschaftsentwicklung sind, neben den Ergebnissen anderer pollenanalytischer Arbeiten siedlungsgeschichtliche Belege und Befunde anderer For-

schungsdisziplinen, vor allem der Archäologie, Paläoethnobotanik, Siedlungs-, Wüstungs- und Geschichtsforschung, herangezogen worden.
über die Siedlungsgeschichte der Vor- und Frühgeschichte einschließlich der Römerzeit können archäologische Grabungen und Funde, bodenkundliche Untersuchungen und pflanzliche Großrestanalysen Auskunft geben. Seit dem Mittelalter stehen außerdem schriftliche Quellen zur Verfügung. Für die Gemeinde Wickrathberg liegen schriftliche Zeugnisse aus dem Mittelalter jedoch kaum vor, da sie größtenteils während der Gegenreformation verloren gegangen oder vernichtet worden sind. HUSMANN, & TRIPPEL (1909/1911) werteten alle über die Gemeinde Wickrath existierenden Urkunden in ihrem Buch über die "Geschichte der ehemaligen Herrlichkeit bzw. Reichsgrafschaft und Pfarre Wickrath" aus.

3.6 Methodische überlegungen zur siedlungsgeschichtlich-geographischen Interpretation pollenanalytischer Daten

In Kapitel 4 geht es darum, die Grundlagen für eine kulturlandschaftsgenetische Interpretation von Pollendiagrammen zu schaffen. Hierbei wird weniger auf die aus der Literatur allgemein bekannten Interpretationsgrundlagen eingegangen, sondern auf geographische Fragestellungen und die Möglichkeiten und Grenzen der pollenanalytischen Beantwortung. Dabei werden vor allem die Umweltverhältnisse in der Umgebung von Wickrathberg berücksichtigt.

4. Kriterien und Probleme bei der siedlungsgeschichtlich-geographischen Interpretation pollenanalytischer Daten

Ziel dieser methodischen überlegungen ist, erstens pollenanalytische Indikatoren für anthropogene Eingriffe bzw. Einflüsse (z.B. Rodungen, Wirtschaftsweisen, Wüstungen etc.) zu erfassen und zweitens die Schwierigkeiten der "pollenanalytischen Kulturlandschaftsforschung" darzulegen. Hierbei werden auch die Umweltverhältnisse im Untersuchungsgebiet berücksichtigt.
Für kulturlandschaftsgenetische Auswertungen pollenanalytischer Daten sollten möglichst folgende Interpretationsgrundlagen gegeben sein:

1.) Kenntnisse über Pollenproduktion und Pollenniederschlag und die sie beeinflussenden Faktoren,
2.) Kenntnisse über die natürliche bzw. potentielle natürliche Vegetation des Untersuchungsraumes und ihre Erfassung im Pollendiagramm, um die Art, die Ausmaße und die Ursachen anthropogenbedingter Vegetationsveränderungen der Vergangenheit erfassen zu können,
3.) Kenntnis der durch die verschiedenen anthropogenen Eingriffe und Einflüsse hervorgerufenen Vegetationsveränderungen in Abhängigkeit von den natürlichen Umweltverhältnissen sowie der Auswirkungen der Vegetationsveränderungen auf die Pollenproduktion und den Pollenniederschlag mit den Möglichkeiten und Grenzen ihrer pollenanalytischen Erfassung.

Im folgenden werden vor allem diejenigen Interpretationskriterien und -probleme erörtert, die für die Auswertung der Pollendiagramme WI und WII relevant sind.

4.1 Pollenproduktion, Pollenniederschlag und die sie beeinflussenden Faktoren

Pollenproduktion und Pollenniederschlag der verschiedenen Pollentypen und die sie beeinflussenden Faktoren sind bezüglich der Zusammensetzung der Pollenspektren so bedeutende Bestimmungsgrößen, daß grundlegende Kenntnisse hierüber für jede pollenanalytische Untersuchung erforderlich sind. Dies gilt vor allem dann, wenn es um die Erfassung und Rekonstruktion anthropogenbedingter Pflanzengesellschaften und Vegetationsveränderungen geht, von denen es keine Angaben über Pollenproduktion und -niederschlag gibt.
Im Rahmen dieser Arbeit können nur einige für die kulturlandschaftsgenetische Interpretation relevante Aspekte erörtert werden.
So ist ein hoher Anteil von Fern- und Weitflugpollen, zu dem in erster Linie der *Pinus*-Pollen gehört, sofern ein Kiefernvorkommen am Standort und in der näheren Umgebung der Profile ausgeschlossen werden kann, in Verbindung mit einem hohen Anteil lichtliebender Kräuter Zeiger für eine offene, gering

bewaldete Landschaft. Es ist aber auch zu berücksichtigen, daß eine mehr oder minder dichte lokale Waldvegetation zum Beispiel in Form eines Erlenbruchwaldes den Anteil der Pollen aus der näheren und ferneren Umgebung rechnerisch beeinträchtigt. Anderseits kann bei einem standörtlich relativ dichten Wald mit einer jedoch geringen Pollenproduktion der Pollen aus der näheren und weiteren Umgebung stärker beteiligt sein. Durch den Ausschluß der *Alnus*- Anteile kann der Einfluß der standörtlichen Vegetation nicht völlig eliminiert werden, da auch der Pollen von *Betula, Salix* und *Populus* sowie ein Teil der NBP lokaler Herkunft sind oder sein können.
Des weiteren sind Pollenproduktion und Pollenniederschlag von der Art und Intensität menschlicher Eingriffe abhängig. So verzeichnen offene, waldfreie Flächen eine geringe Pollenproduktion. Auch dichte natürliche und naturnahe Wälder sowie Niederwälder produzieren wenig Pollen. Plenterwälder haben eine mäßig hohe Pollenproduktion; in Mittelwäldern ist sie sehr hoch (KALIS 1983).
In Anbetracht der geringen Pollenproduktion waldloser Gebiete multipiziert KALIS (1983) die Anzahl der NBP subatlantischer Pollenspektren mit dem Faktor 8 (Faktor 5 bei geringem *Pinus*-Anteil), um so die reale Ausbreitung waldloser Flächen im jüngeren Holozän ermitteln zu können.
Inwieweit tatsächlich mit der Einbeziehung des Multiplikationsfaktors eine Annäherung an die realen Vegetationsverhältnisse erzielt wird, ist abhängig von den den Pollendiagrammen zugrundegelegten Berechnungssummen und von der Pollenproduktion der Waldvegetation. Wie bei praesubatlantischen Proben eine Anwendung des Faktors aufgrund der geringen Pollenproduktion der dichten natürlichen oder naturnahen Wälder nicht erforderlich ist, kann dies auch bei subatlantischen Pollenspektren der Fall sein. Hier muß die geringere Pollenproduktion mancher Wirtschaftswälder (s.o.) in Betracht gezogen werden.

4.2 Erfassung der natürlichen bzw. potentiellen natürlichen Vegetation im Pollendiagramm

Die Erfassung vegetationsbeeinflussender Siedlungstätigkeiten in ihren raumzeitlichen Ausmaßen und ihren Funktionen ist nur dann möglich, wenn die natürliche Vegetation des zu untersuchenden Raumes als Bezugs- und Vergleichs-

basis bekannt ist (vgl. SCHWICKERATH 1954, S.74f; ELLENBERG 1978, S.34-38; KALIS 1983).
Die Rekonstruktion der natürlichen Vegetation bzw. der Naturlandschaft überhaupt - also der Vegetation bzw. Naturlandschaft, die nicht oder nur in geringem Maße durch den Menschen verändert wurde - ist problematisch, da mit den anthropogenen Eingriffen nicht nur die Vegetation, sondern auch andere Standortfaktoren wie z.B. der Luft-, Wasser- und Nährstoffhaushalt der Böden oder das Mikroklima verändert werden. Aufgrund des jahrhunderte-, vielerorts sogar jahrtausendelangen Einwirkens des Menschen auf die Natur sind die wenigsten Standorte mit ihrer spezifischen natürlichen oder zumindest naturnahen Pflanzengesellschaft besiedelt. Mit Hilfe der Sukzessionsfolgen läßt sich die potentielle natürliche Vegetation ableiten (vgl. SCHWICKERATH 1954; TÜXEN 1956; TRAUTMANN et. al. 1973), die als Basis für die vegetationsgeschichtliche und siedlungsgenetische Interpretation subatlantischer Pollenspektren herangezogen werden kann, sofern nicht irreversible Auswirkungen menschlicher Eingriffe eine von der natürlichen Vegetation völlig andersartige potentielle natürliche Vegetation hervorgerufen haben.
Nach SCHWICKERATH (1954, S.74) besteht zwischen der natürlichen Vegetation und der potentiellen natürlichen Vegetation der praesubatlantischen holozänen Vegetationsabschnitte kein oder kaum ein Unterschied, da der Einfluß des Menschen noch so gering war, daß zumindest naturnahe Wälder bzw. Pflanzengesellschaften erhalten blieben.

Die gegenwärtige potentielle natürliche Vegetation im Untersuchungsgebiet wurde unter 2.1.3 beschrieben. Nun ist es notwendig, die Angaben über die potentielle natürliche Vegetation in theoretische Pollenniederschlagswerte umzusetzen.
Da Angaben über die Pollenproduktion und den Pollenniederschlag der natürlichen bzw. potentiellen natürlichen Wälder im Untersuchungsraum nicht vorhanhanden sind, müssen sie aus Angaben der Baum- und Strauchartenzusammensetzung dieser Wälder und aus Angaben über die Pollenproduktion der wesentlichen mitteleuropäischen Gehölzarten (vgl. POHL 1937 zitiert nach STRAKA 1975a) zusammengesetzt werden. Zur überprüfung wurden diese Werte mit Pollenproduktionswerten und -niederschlagswerten von vergleichbaren Waldgesellschaften

verglichen (vgl. ANDERSEN 1973; JANSSEN 1973).
Tabelle 1 (S.93), die auf pflanzensoziologischen Angaben von TRAUTMANN et al. (1973) beruht, gibt einen Überblick über die Baum- und Strauchartenzusammensetzung der potentiellen natürlichen Waldgesellschaften des Untersuchungsgebietes (vgl. KALIS 1983). Auf der Basis dieser Daten kann für die potentielle natürliche Vegetation der Profilstandorte WI und WII folgende theoretische Zusammensetzung des Pollenniederschlages angenommen werden:
Abgesehen von der standörtlich bedingten Dominanz des *Alnus*-Pollens herrscht der Pollen von *Fagus* vor, und der Pollen von *Quercus* ist ebenfalls stark vertreten. Es folgen *Carpinus*- und *Corylus*-Pollen. Die übrigen Baumarten wie *Tilia, Betula* etc. sind nur mit geringen Anteilen am Pollenniederschlag beteiligt.
In den Pollendiagrammen WI und WII entspricht in keiner Tiefe die Pollenzusammensetzung der soeben geschilderten. Das kann entweder auf die Diskrepanz zwischen natürlicher und potentieller natürlicher Vegetation und damit auf andere Pollenniederschlagsverhältnisse oder auf Mischspektren oder auf ein Fehlen der natürlichen bzw. naturnahen Vegetation zurückgeführt werden. Allerdings zeigt in manchen Tiefen die Pollenzusammensetzung gewisse Übereinstimmungen und Ähnlichkeiten mit der soeben beschriebenen. Dies gilt für WI in 186-176 cm Tiefe sowie in etwas schwächerer Ausprägung in 56 cm Tiefe und für WII in 134-126 cm Tiefe sowie in ebenfalls schwächerer Form in 75 cm Tiefe. Die Diagrammabschnitte WI 186-176 cm und WII 234-126 cm decken sich mit Profilabschnitten von Pollendiagrammen anderer Autoren (vgl. JANSSEN 1960; REHAGEN 1964; KALIS 1983; URBAN et al. 1983), die das zeitgleiche Maximum von *Fagus* und *Carpinus* in Verbindung mit dem sich in der Regel bald darauf anschließenden Anstieg der kultur- und siedlungsanzeigenden Pollenanteile mit der Völkerwanderungszeit konnektieren.

4.3 Landnutzungsformen und Siedlungserscheinungen in ihren Auswirkungen auf die Vegetation und ihre pollenanalytische Erfassung

Im folgenden wird erörtert, inwieweit anthropogene Einflüsse und Eingriffe bzw. die durch sie hervorgerufenen Vegetationsveränderungen pollenanalytisch erfaßbar sind.

4.3.1 Waldnutzungsformen

Extensive Waldweide

Bis vor etwa 200 Jahren war die extensive Waldweide in ganz Mitteleuropa eine wesentliche Form der Waldnutzung und hatte erheblichen Einfluß auf die Umgestaltung der Pflanzengesellschaften (ELLENBERG 1978, S.38-49; SCHMITHÜSEN 1968; SCHWICKERATH 1954, S.79).
Wird der Wald nur gelegentlich vom Vieh beweidet, wird dadurch keine Veränderung des Waldes hervorgerufen, da diese extensivste Form der Waldweide mit dem gelegentlichen Äsen des Wildes gleichgesetzt werden kann. Auch eine von Natur aus offene Vegetationsdecke wird dabei ihren Pflanzenbestand nicht ändern (SCHMITHÜSEN 1968, S.258). Diese Art der Waldweide kann daher pollenanalytisch nicht erfaßt werden.
Ein unter regelmäßiger, langandauernder Beweidung stehender Wald wird über das Stadium parkartiger Pflanzengesellschaften durch fortschreitende Vergrasung und Verheidung in eine freie Trift umgewandelt (ELLENBERG 1978). Mit der Zunahme lichter und offener Stellen nimmt auch die Anzahl der sich an diesen Standorten ansiedelnden lichtliebenden Kräuter und Gräser zu, und es erfolgt eine Selektion zugunsten der gegen Viehverbiß resistenten Baum-, Strauch- und Krautarten, der sogenannten Weideunkräuter. Hierzu gehören von den Sträuchern und Zwergsträuchern vor allem *Juniperus communis, Prunus spinosa, Ononis spinosa, Genista spinosa* und *Genista anglica*. Unter den Kräutern sind es z.B. Distelarten, Kräuter mit ätherischen ölen, Hahnenfußgewächse, Lippenblütler, Wolfsmilchgewächse und einige harte Wild- und Riedgräser (ELLENBERG 1978, S.43f).

Die Rekonstruktion des Pollenniederschlags extensiv beweideter Wälder kann nur schätzungsweise erfolgen, da Meßwerte über die Pollenproduktion und den Pollenniederschlag solcher anthropogenbeeinflußter Waldgesellschaften nicht vorliegen. Es sind folgende Veränderungen der Pollenproduktion anzunehmen:

Sofern die extensive Weidewirtschaft längere Zeit auf die Vegetation einwirken kann, nimmt der Pollenanteil der schattenspenden Buche allmählich ab, während der Pollenanteil lichtliebender und beweidungsresistenter Gehölze (*Corylus, Carpinus, Juniperus communis*) und Kräuter (Poaceae, Cyperaceae, Ranunculaceae, *Ononis*- und *Mentha*-Typ) zunimmt. Bei fortschreitender Beweidung nimmt im Zuge der Verunkrautung und Vergrasung der Pollenanteil von Kräutern und Gräsern zu.
Sehr ähnliche Auswirkungen auf den Pollenniederschlag hat die extensive Holznutzung (z.B. Schneiteln der Wälder oder Plenterwirtschaft).

Plenterwirtschaft

Die Plenterwirtschaft ist eine extensive Waldnutzungsform, bei der in Siedlungsnähe je nach Bau- und Brennholzbedarf im Wald einzelne Stämme oder kleinere Baumgruppen (sog. Femelschlag) herausgeschlagen werden (ELLENBERG 1978). Die Plenterwirtschaft erhält im allgemeinen naturnahe Hochwälder. Nur an den gelichteten Stellen im Wald breiten sich lichtliebende Gehölze wie Hasel und Eiche aus, während die Buche zurückgeht. An diesen Standorten wird sich der Pollenniederschlag zugunsten des Hasel- und Eichenpollens und des Pollens anderer lichtliebender Pflanzen verschieben, während die Buchenanteile sinken. Aber man darf nicht wie KALIS (1983) für einen durch Plenterwirtschaft genutzten Wald generell niedrige Buchenpollenanteile und höhere Anteile von Eiche und Hasel annehmen. Da der Pollenniederschlag eines Plenterwaldes insgesamt gegenüber dem eines natürlichen und naturnahen Waldes weitgehend unverändert bleibt, ist die Plenterwirtschaft pollenanalytisch nicht sicher nachweisbar, selbst wenn sich das Profil in unmittelbarer Nähe solcher Femelstellen befindet.
Außerdem ist die tatsächliche Ursache für das Auftreten von Pollen lichtliebender Pflanzen nicht sicher nachweisbar, da pollenmorphologisch nicht feststellbar ist, ob das Auftreten dieser Pflanzen durch Beweidung oder durch Plenterwirtschaft hervorgerufen wurde. Allerdings kann oft davon ausgegangen werden, daß extensive Beweidung und Plenterwirtschaft gleichzeitig auftreten.

Niederwaldwirtschaft

Die Niederwaldwirtschaft ist die einfachste Art der geregelten Holznutzung. Durch periodisches Schlagen größerer Waldflächen bzw. der erneuten Stockausschläge in Abständen von 15 bis 25 Jahren wird Brenn- und Bauholz gewonnen (ELLENBERG 1978).

Die Niederwaldwirtschaft fördert die ausschlagfreudigsten Gehölze, so daß Hainbuche, Linde, Ahorn, Esche, Hasel und an feuchten Standorten auch Erle und einige Weidenarten gegenüber der weniger ausschlagfreudigen Eiche, Ulme, Pappel und Birke durchsetzungsfähiger sind. Einen noch schlechteren Stockausausschlag hat die Buche, die immer mehr zugunsten der Hainbuche und Eiche zurückgedrängt wird.

Die Eiche, deren gerbstoffhaltige Zweige und Blätter als Viehfutter zwar nicht geeignet waren, wurde im Mittelalter durch die Anpflanzung von Eichenhainen gefördert, weil deren Früchte und Keimlinge ein beliebtes Mastfutter für die Schweine waren und zugleich der Bedarf an Brenn- und Bauholz gedeckt werden konnte.

Aufgrund der unterschiedlichen Regenerationsfähigkeit der Bäume werden aus unter Niederwaldwirtschaft stehenden Buchenwäldern oder Eichenmischwäldern Eichen-Hainbuchenwälder (SCHWICKERATH 1954, S.75), so daß der Anteil des *Fagus*-Pollens abnimmt, hingegen die *Carpinus*- und *Quercus*-Anteile steigen.

Die Niederwaldwirtschaft im Erlenbruchwald, die wegen des guten Ausschlagvermögens der Erle und mancher Weidearten gern betrieben wurde, veränderte und minderte kaum den Artenbestand der Erlenbrüche (SCHWICKERATH 1954, S.76).

In Hinblick auf die Erlenbruchstandorte der Profile WI und WII ist zu beachten, daß, wenn auch der Erlenbruchbestand nicht wesentlich verändert wird, sich das periodische Schlagen des Bestandes in einer Abnahme des Erlenpollenanteils äußert und durch die Auflichtung des Bruchwaldes der Pollenniederschlag der Umgebung stärker vertreten sein kann.

Mittelwaldwirtschaft

Als im Mittelalter als Folge der extensiven Nutzungsformen vor allem in den dichtbesiedelten Lößlandschaften Mitteleuropas Mangel an Bauholz entstand, wurden beim Schlagen der Niederwälder einzelne Bäume, die sogenannten "Überhälter", vom Umtrieb ausgeschlossen. Die Eiche, die sowohl gutes Mastfutter für die Schweine als auch gutes Bauholz für Fachwerk- und Riegelbauten lieferte, wurde durch die Mittelwaldwirtschaft künstlich am stärksten gefördert, während die Buchenanteile zunehmend zurückgingen. Die Hainbuche und die Hasel konnten im Schatten der lichten Eichenkronen sogar noch besser wachsen und sich besser regenerieren als im Niederwald (ELLENBERG 1978). Der Mittelwaldbetrieb, der einen geschlossenen Buchenwald in einen lichtreichen Eichen-Hainbuchenwald mit einer artenreichen Krautschicht lichtliebender Pflanzen umwandelt, äußert sich in abnehmenden Buchenpollenanteilen, während der Eichenpollenanteil stärker zunimmt als im Niederwald. Die Pollenanteile der Hainbuche und Hasel werden trotz der günstigen Wachstumsbedingungen der beiden Gehölze nicht oder nicht wesentlich höher sein als im Niederwald, da die Pollenanteile der Eiche bei weitem dominieren.

Moderne Hochwaldwirtschaft

Anfang des 19. Jh. wurde, forciert durch die Preußische Regierung, die moderne Forstwirtschaft eingeleitet, die den höheren Wert des Hochwaldes nutzt (SCHWICKERATH 1954). Hierbei werden die Forsten in Abständen von 60 bis 120 Jahren kahlgeschlagen, wobei nun eine absolute Trennung zwischen Weide- und Forstwirtschaft besteht. Bevorzugt wurden bzw. werden selbst auf natürlichen Laubholzstandorten Nadelholzforste angepflanzt, und nichteinheimische, wirtschaftlich wertvolle Baumarten (z.B. *Castanea sativa, Quercus rubra, Robibinia pseudoacacia, Pinus strobus*) fanden bzw. finden Zugang in die mitteleuropäische Flora.

Mittel- und Niederwälder, die man zu Laubholzhochwäldern durchwachsen ließ, strebten naturnahe Zustände an (ELLENBERG 1978).

Da Nadelholz-Monokulturen bevorzugt angelegt wurden, nimmt in der Neuzeit der Anteil der Pinaceae am Pollenniederschlag schlagartig zu. Durch den Fernflug dieser Pollen, der durch die neuzeitlich stark entwaldete Landschaft gefördert wird, erhöhen sich ihre Pollenanteile selbst an Standorten, die von Nadelwäldern weit entfernt sind. Die moderne Forstwirtschaft äußert sich neben einer Zunahme des *Pinus*-Pollenanteils auch in einer Abnahme des Pollens lichtliebender Bäume wie *Quercus* und *Corylus*.

4.3.2 Anthropogenbedingte waldfreie Pflanzengesellschaften

Für die pollenanalytische Erforschung der Kulturlandschaftsentwicklung spielen waldlose Gebiete als Indikator menschlicher Siedlungstätigkeiten eine bedeutende Rolle, denn "von Natur aus waldfreie Landschaftskomplexe größeren Ausmaßes gab es in Mitteleuropa vor dem Eingreifen des Menschen nur in den Hochmooren und manchen Zwischen- und Niedermooren sowie oberhalb der klimatischen Waldgrenze in den Alpen und im Einflußbereich der salzigen Nordsee" (ELLENBERG 1978, S.775). Erst mit der Inkulturnahme des Landes, vor allem seit der jüngeren Steinzeit, vergrößerte sich der Anteil waldfreier Flächen und damit der Lebensraum lichtliebender Steppenpflanzen.
Die anthropogenbedingte Ausbreitung von Lichtungen bzw. waldlosen Flächen spiegelt sich in Pollendiagrammen im verstärkten Auftreten kultur- und siedlungsanzeigender NBP, wie Getreide-, Poaceae-, *Plantago-*, *Rumex-* und *Centaurea*-Pollen wider.
Pollenanalytische Aussagen zur Siedlungsgeschichte, die auf den sich ändernden Anteilen der BP, der NBP insgesamt und der kultur- und siedlungsanzeigenden Pollen beruhen, beschränken sich bislang weitgehend auf die zeitliche Einordnung und Abfolge bestimmter siedlungsgeschichtlicher Ereignisse (vgl. (vgl. FIRBAS 1949, S.87-99). Die Rekonstruktion waldloser Gebiete einschließlich der in ihnen erfolgten anthropogenen Einflüsse bzw. Landnutzungsformen wurde dagegen erst in den letzten Jahren von der Pollenanalyse stärker aufgegegriffen (s. Untersuchungen von LANGE 1965,1971 und KALIS 1983).

Wie in den vorangegangenen Ausführungen, ist auch hier der Frage nachzugehen, inwieweit sich die durch die verschiedenen anthropogenen Einflüsse entstandenen offenen Pflanzenbestände pollenanalytisch erfassen lassen bzw. inwieweit von den verschiedenen Pollenfunden und dem Verlauf der Pollenkurven auf das Vorhandensein und die Intensität bestimmter Besiedlungsvorgänge und Wirtschaftsweisen geschlossen werden kann.
Folgende Siedlungstätigkeiten und -erscheinungen oder durch sie hervorgerufene Pflanzengesellschaften werden im folgenden behandelt:

1.) Rodungen
2.) Heiden
3.) Grünlandwirtschaft
4.) Ackerbau und seine Nutzpflanzen
5.) Unkrautgesellschaften

Ferner wird unter dem Punkt "Freiland-Wald-Problem" auf eine wesentliche Problematik der Kulturlandschaftsforschung eingegangen.

Die pollenanalytische Erfassung anthropogener waldfreier Pflanzengesellschaften wird durch mehrere Probleme erschwert. Erstens sind die Pflanzen waldloser Flächen überwiegend schlechte Pollenverbreiter, so daß in der Regel nur wenige ihrer Pollen in die Moor, Bruch- oder Auenablagerungen gelangen und zweitens sind nur wenige Pollen art- oder gattungsspezifisch bestimmbar. Waldlose Gebiete können also nur anhand relativ weniger Pollentypen rekonstruiert werden. Die Pflanzen dieser Pollentypen müssen daher durch entsprechende pflanzensoziologisch-ökologische Zeigerwerte Indikatoren für die jeweiligen Siedlungs- und Wirtschaftsweisen sowie deren Auswirkungen sein.

<u>Rodungen</u>

Das anthropogenbedingte Auftreten waldfreier Flächen ist, neben den durch die extensive Waldnutzung entstandenen gelichteten und offenen Beständen, im Zusammenhang mit der in der Regel rodungsverbundenen Anlage von Siedlungen und landwirtschaftlichen Nutzflächen zu sehen.

Rodungen äußern sich in Pollendiagrammen in einem plötzlichen Anstieg der NBP-Anteile und der kultur- und siedlungsanzeigenden Pollentypen (FIRBAS 1949; LANGE 1971, S.20, 43ff; KALIS 1981).

Da in Verbindung mit Rodungen in der Regel die siedlungsnahen Wälder durch extensive Weidewirtschaft beeinflußt werden, sind plötzlich mehr oder weniger stark schwankende BP-Anteile und deren sich ändernde Zusammensetzung ein zusätzliches Indiz für Besiedlung und Rodung, sofern man nachhaltige Klimaschwankungen ausschließen kann.

Als weitere Indikatoren für Brandrodung und Kahlschlag werden auch Pollenfunde von *Pteridium aquilinum* (Adlerfarn) und *Chamaenerion angustifolium* (Weidenröschen) angeführt (STRAKA 1975a; KALIS 1983), die aufgrund ihrer

geringen Anteile und ihres seltenen Auftretens in der Diagrammdarstellung der Profile WI und WII unter der Gruppe der Graslandpflanzen aufgeführt werden. Diese Pflanzen sind allerdings auch in Heiden oder vernachlässigten Waldgesellschaften verbreitet (OBERDORFER 1970). In jedem Fall sind sie aber Zeiger offener oder lichter Standorte.
Typische Pioniergehölze auf Flächen, die nach Rodung sich selbst überlassen bleiben, sind Birke und Hasel, so daß ein Anstieg der Pollenkurven dieser Gehölze Anzeichen einer beginnenden Wiederbewaldung sein kann.

Heiden

Mit der Siedlungs- und Wirtschaftstätigkeit des Menschen stellen sich oftmals Zwergstrauchheiden ein, die als natürliche Gesellschaften gegenwärtig nur in der Tundra und in Gebirgen verbreitet sind (STRAKA 1975a; ELLENBERG 1978).
Pollenfunde von *Calluna vulgaris, Vaccinium* und anderen Ericaceae sowie von *Empetrum nigrum, Juniperus communis* und nach KALIS (1983) auch Funde von *Jasione montana* (Berg-Sandglöckchen) können als Indikatoren anthropogenbedingter Zwergstrauchheiden, die unter ozeanischem Klima auf relativ nährstoffarmen, sandigen Böden durch Holzschlag, Brand und Viehverbiß entstehen (ELLENBERG 1978), interpretiert werden, sofern - wie im vorliegenden Untersuchungsgebiet - ausgeschlossen werden kann, daß sie aus einer lokalen Hochmoorvegetation oder aus natürlichen bzw. naturnahen heidekrautreichen Wäldern stammen.
Auf den nährstoffreichen Parabraunerden des Untersuchungsgebietes entstehen unter den gleichen menschlichen Eingriffen keine Zwergstrauchgesellschaften, sondern Rasengesellschaften (vgl. ELLENBERG 1978; KALIS 1983), die sich in einem Anstieg des Gräserpollens niederschlagen können. Nur auf den sandiglehmigen und lehmig-sandigen, viefach erodierten Braunerden, die im Raum Wickrathberg nur sehr kleine Flächen einnehmen (vgl. PAAS 1971), ist als Ersatzgesellschaft extensiv genutzter Wälder eine Heidevegetation möglich (vgl. TRAUTMANN, et al. 1973). Hierfür sprechen auch pollenanalytische Ergebnisse von JANSSEN (1960) und KALIS (1983), nach denen in der Lößlandschaft die artenarmen Eichen-Buchenwälder auf den sandhaltigen Braunerden durch anthropogene Eingriffe zumindest teilweise in Heidegesellschaften übergegangen sind. Die Umweltbedingungen im Raum Wickrathberg sprechen aber dafür, daß die sich

auf den sandigeren Böden durch Holzschlag, Brand und Viehweide einstellenden Heidegesllschaften im Pollenniederschlag kaum zur Geltung kommen, während auf die entsprechenden Ersatzgesellschaften der fruchtbaren Lößböden höhere Pollenanteile der Poaceae und anderer Grünlandpflanzen hinweisen können.

Grünlandwirtschaft

Ein bedeutender siedlungsgeschichtlicher Indikator ist die Grünlandvegetation, die sich bei Wiesen- und intensiver Weidewirtschaft einstellt.
Bei der Wiesen- und Weidewirtschaft werden diejenigen Arten begünstigt, die insbesondere durch ihre Lebensform dem jeweiligen Bewirtschaftungsrhythmus am besten angepaßt sind. Dies sind vor allem regenerationsfähige Hemikryptophyten, deren Erneuerungsknospen unmittelbar über der Erdoberfläche liegen, wobei mit zunehmender Mahdanzahl der Anteil niedrigwüchsiger Arten mit einem schnellen Entwicklungsrhythmus ansteigt (SCHMITHÜSEN 1968; ELLENBERG 1978).
Unter der starken Beanspruchung der intensiven Weidewirtschaft können nur trittfeste und regenerationsfähige Arten überleben.
Allgemein gilt, daß die floristische Verarmung mit der zunehmenden Intensivierung der Grünlandwirtschaft einherschreitet.
Wiesen- und Weidewirtschaft lassen sich mittels Pollenanalyse meist nur insgesamt als Grünlandwirtschaft erfassen. Als Grünlandanzeiger wird von KALIS (1983) der Pollen der Cichoriaceae und Asteraceae sowie von *Lotus corniculatus* und *Plantago lanceolata* genannt. STRAKA (1975a, S.123) führt als Grünlandindikatoren in erster Linie den Pollen der Poaceae und den Pollen von *Polygonum bistorta, Sanguisorba officinalis, Sanguisorba minor, Centaurea, Trifolium, Thalictrum, Scabiosa, Knautia* und *Trollius* an.
Abgesehen von dem sehr schwer zu bestimmenden Pollen von *Trifolium, Knautia, Scabiosa* und *Trollius* sind die anderen genannten Pollentypen gut bestimmbar.
In den Pollendiagrammen WI und WII sind nicht alle der aufgeführten Pollentypen als Grünlandanzeiger aufgenommen worden, da vor allem die Cichoriaceae und Asteraceae auch in naturnahen oder anderen anthropogenbedingten Pflanzenbeständen verbreitet sind. Die Pollenanteile der Poaceae, die ebenfalls in anderen Pflanzengesellschaften vertreten sind, können nur dann als grünlandanzeigend gewertet werden, wenn sie in größeren Mengen zusammen mit weiteren

Grünlandanzeigern auftreten.

Plantago lanceolata gilt allgemein als Indikator für Weidewirtschaft (IVERSEN 1941,1949; STECKHAN 1961; LANGE 1971). Seine Verbreitung auch in anderen Trittgesellschaften (Plätze, Wege und Wegränder) und stellenweise auch in Ackerunkrautgesellschaften sollte bei der kulturlandschaftsgenetischen Interpretation von Pollendiagrammen stärker berücksichtigt werden.

Größere Differenzierungsmöglichkeiten der Grünlandnutzung bieten die Analysen fossiler Pflanzengroßreste, wie sie von KNÖRZER (1975) für das Rheinland vorliegen. Seine Befunde zur Entwicklung der Grünlandnutzung werden in Kapitel 7 berücksichtigt.

Die Möglickeiten, die es gibt, Hinweise auf den Anteil der Grünlandnutzung bzw. der Weidewirtschaft an der Landwirtschaft im Vergleich zum Ackerbau zu erhalten, werden im Zusammenhang mit der pollenanalytischen Erfassung des Ackerbaus ausgeführt.

Ackerbau und seine Nutzpflanzen

Für die pollenanalytische Ermittlung des Ackerbaus, also des Anbaus von Nutz- bzw. Kulturpflanzen[3], wird im allgemeinen das Auftreten höherer NBP-Werte mit Kulturanzeigern (bes. Getreidepollen) und kultur- und siedlungsbegleitenden Pollentypen (Poaceae, *Plantago, Rumex, Polygonum* etc.) als Indikator angewandt (IVERSEN 1949; LANGE 1971, S.43ff; STRAKA 1975a, S.123-125; KALIS 1983).

Räumliche und zeitliche Aussagen über das Auftreten von Kulturpflanzen sind mittels Pollenanalyse für Getreide, Buchweizen, Lein, Weinrebe, Hopfen bzw. Hanf sowie für die Walnuß und Eßkastanie möglich, sofern weitgehend ausge-

----

[3] Die Bezeichnung Nutzpflanzen ist nach WILLERDING (1969, S.193) der Oberbegriff für Sammel, Anbau- und Kulturpflanzen sowie für ackerbaubegleitende Nutzpflanzen. Sammel- und Anbaupflanzen sind Wildpflanzen, von denen sich die Kulturpflanzen durch erblich bedingte Abweichungen unterscheiden. Ackerbaubegleitende Nutzpflanzen sind, heute meist als Unkräuter bezeichnete, nährstoffreiche Pflanzen, die vermutlich zusätzlich auf oder außerhalb der bestellten Felder geerntet wurden. Ob diese Pflanzen auch angebaut wurden, ist noch ungeklärt (WILLERDING 1969, S.190ff).

schlossen werden kann, daß sie als Wildarten oder als verwilderte Kulturpflanzen im Untersuchungsgebiet stärker vertreten sind.
So wurde der *Humulus/Cannabis*-Typ in den Profilen WI und WII nicht zu den Kulturpflanzen gezählt, weil der Hopfen verhältnismäßig häufig in Auenwäldern verbreitet ist.
Selbst wenn sich *Juglans* und *Castanea*, die als Früchte, öl- und holzliefernde Kulturbäume in die römisch-germanischen Provinzen eingeführt worden sind, möglicherweise auch als verwilderte Pflanzen in den Pollenspektren niederschlagen, ist es dennoch sinnvoll, ihren Pollen zu den Kulturpflanzen zu zählen, da sie, als sie zur römischen Kaiserzeit am Niederrhein eingeführt wurden, in jedem Fall von wirtschaftlicher Bedeutung waren.
Die Unterscheidung des Poaceae-Pollens in einen Wildgras-Typ und einen Getreide-Typ (s. 3.2) ermöglicht die pollenanalytische Erfassung des Getreideanbaus (FIRBAS 1937; GROHNE 1956/57; BEUG 1961). Mittels Größenmessung können alle Getreidearten Mitteleuropas bis auf die Hirsen (Kolben- und Rispenhirse) als Getreide-Typ erfaßt werden. Die Wildgräser, in der Summe der Poaceae zusammengefaßt, gehören weitgehend dem Wildgras-Pollentyp an; nur einige Wildgräser haben den Habitus eines Getreide-Pollens.
Vom Getreide-Pollentyp läßt sich mit großer Sicherheit der *Secale*-Typ abtrennen, während eine weitere Differenzierung der übrigen im Cerealia-Typ zusammengefaßten Getreidepollen in einen Hafer-, Weizen- und Gerste-Typ nur mittels Phasenkontrastanalyse möglich ist (BEUG 1961; GROHNE 1956/57). Dieses Verfahren gewährleistet aber nur dann zuverlässige, repräsentative Ergebnisse, wenn die Oberflächenstruktur des Getreidepollens gut erhalten und erkennbar ist. Bei der Interpretation von Phasenkontrastbestimmungen des Getreidepollens muß berücksichtigt werden, daß die Typenbezeichnung nicht ausschließlich gattungsspezifisch ist; so beinhaltet der *Triticum*-Typ zum Beispiel auch Haferarten. Trotz dieser Überschneidungen ist nach LANGE (1971, S.28) das mengenmäßige Verhältnis im Anbau der Getreidegattungen durch die Pollenanalyse für eine bestimmte Siedlung im allgemeinen sicherer zu erfassen als durch die Bestimmung der Großreste.
In den Profilen WI und WII war der Erhaltungszustand des Getreidepollens zu schlecht, um eine sichere Bestimmung nach dem Phasenkontrastverfahren durchzuführen.

Die Bezeichnung Cerealia-Typ und *Secale*-Typ, die in den Diagrammen WI und WII gewählt wurde, soll auf die oben erwähnte überschneidung zwischen Wildgras- und Getreidepollen aufmerksam machen. Dies ist vor allem für den prähistorischen Zeitraum von Bedeutung, in dem der Roggen und der Hafer als sekundäre Kulturpflanzen vor ihrer Kultivierung als Unkräuter in den Weizenfeldern (Roggen als Unkraut) und in den Feldern der Ackerbohne (Hafer als Unkraut) verbreitet waren (WILLERDING 1969, S.192).

Der Beginn des Roggenanbaus zeichnet sich im Pollendiagramm in der Regel durch einen Anstieg der Kurve des *Secale*-Typs ab. Dieser Anstieg kann insofern als Zeitmarke angesehen werden, als nach archäologischen, paläoethnobotanischen und pollenanalytischen Befunden der Roggenanbau in Mitteleuropa im Gegensatz zu den schon in prähistorischer Zeit kultivierten Gerste- und Weizenarten erst am Ende der Eisenzeit allmählich an Bedeutung gewonnen hat (WILLERDING 1969, S.220ff; 1980a, S.132). Am Niederrhein wurde der Roggen nach pflanzlichen Großrestfunden im Mittelalter zur Hauptgetreideart (KNÖRZER 1968, S.121).

Nach LANGE (1971, S.20) kann von einer geschlossenen Gesamt-Getreidekurve (Cerealia- und *Secale*-Typ) mit relativ hohen Werten auf Siedlungskontinuität im Untersuchungsraum geschlossen werden. Diese Schlußfolgerung darf aber nur dann gezogen werden, wenn durch dem Sediment angemessen kleine Probenabstände und geringmächtige Proben ausgeschlossen werden kann, daß Siedlungsdiskontinuitäten bzw. Wüstungen entweder übersprungen wurden oder in Mischproben nicht mehr zum Ausdruck kommen. Sofern nicht auch die übrigen kultur- und siedlungsanzeigenden Pollen für eine Wüstungsphase sprechen, darf andererseits von einer nicht durchgehenden oder stark rückläufigen Getreidekurve nicht zwangsläufig auf eine Siedlungsdiskontinuität geschlossen werden, da die Anteile des Getreidepollens sowie aller anderen Sporomorphen, neben den Faktoren Pollenproduktion, -ausstreuung und -transport, von der Entfernung des Herkunftortes und dem Bewaldungsgrad des Untersuchungsgebietes abhängig sind. Eine Unterbrechung der Getreidekurve oder eine starke Abnahme der Getreidepollenanteile kann daher auch Ausdruck einer Nutzungsveränderung oder Aufgabe eines standortnahen Getreidefeldes sein, ohne daß gleichzeitig eine Wüstungsphase vorliegt.

Für die Auswertung fossiler Pollenspektren kann aus Abbildung 3 ferner abgeleitet werden, daß Getreidepollenanteile um 70% auf eine unmittelbare Nähe des Profilstandortes zum Getreidefeld hinweisen. In einem sich an das Getreidefeld anschließenden lichten Kiefernbestand sinken die Anteile des Getreidepollens sofort auf 15% ab. In etwa 50 m Entfernung sind sie nur noch mit geringen Anteilen vertreten (ZUKRIGL 1970). Bei der Übertragung dieser Ergebnisse aus dem Raum Wenigzell im oststeirischen Bergland auf den Untersuchungsraum Wickrathberg ist anzunehmen, daß in Anbetracht der geringeren Pollenproduktion der hier vorherrschenden Laubbäume gegenüber den Nadelholzbeständen im oststeirischen Bergland der Abfall der Getreidekurve mit zunehmender Entfernung vom Getreidefeld weniger extrem ist.

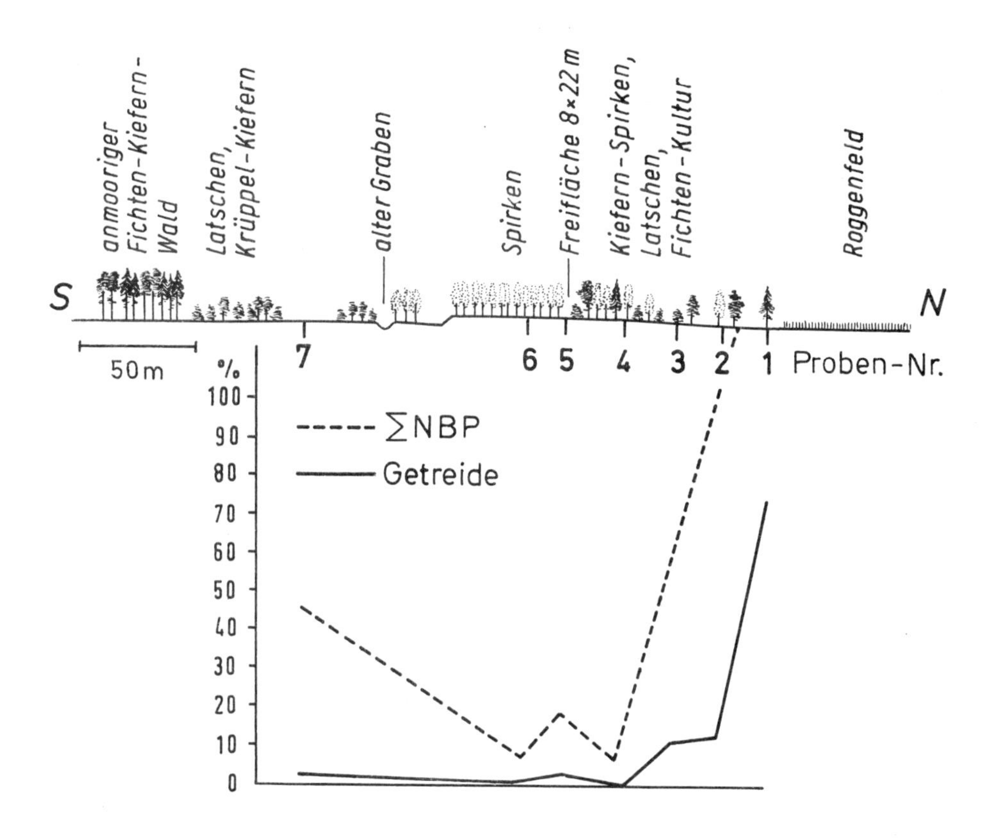

Abb. 3: Pollenanalytische Oberflächenproben eines Landschaftsquerschnittes bei Wenigzell-Sommersgut (nach ZUKRIGL 1970, aus LANGE 1980)

Von den vorangegangenen Überlegungen ausgehend wird weiterhin deutlich, wie problematisch es ist, pollenanalytisch die Anfänge des Getreideanbaus bzw. des Ackerbaus überhaupt sowie Wüstungen, die vor Beginn des Getreideanbaus aufgetreten sind, zu erfassen.

Die Bohrprofile für pollenanalytische Untersuchungen werden überwiegend aus Moor-, Auen- und Bruchablagerungen entnommen. Für die Auen- und Bruchstandorte können für das jüngere Atlantikum und das ältere Subboreal, also zur Zeit des Neolithikums, mehr oder weniger dichte Auen- bzw. Bruchwälder vorausgesetzt werden (KALIS 1981). Der Ackerbau betreibende bandkeramische Bauer, als Träger des ältesten Ackerbaus in Mitteleuropa, mied jedoch zur Anlage seiner Äcker die nassen und feuchten Niederungsbereiche und zog die mäßig frischen Lößböden vor (JÜNING 1980, S.58; WILLERDING 1980b, S.447). Dies bedeutet, daß sich etwa 5o m vom Profilstandort angebautes Getreide bei dichter standörtlicher Bewaldung im Pollenspektrum kaum oder gar nicht ermitteln läßt, zumal durch den vermutlich lückigen Bewuchs der prähistorischen Felder (WILLERDING 1981, S.72) der Pollenflug der angebauten Getreidearten verhältnismäßig gering gewesen sein wird. Je nach Entfernung der Felder zum Profilstandort und je nach Dichte der lokalen Bewaldung schlagen sich folglich der prähistorische Beginn und weitere Verlauf des Ackerbaus im Pollendiagramm nieder.

Rein pollenmorphologisch ist es durchaus möglich, den Getreideanbau der Bandkeramiker zu erfassen, da die Pollen der von ihnen angebauten Getreidearten dem Getreide-Typ angehören.

Die Bandkeramiker, die sich nach ^{14}C-Datierungen um 4500 bis 4000 v.Chr. in Mitteleuropa ansiedelten, kannten schon relativ viele, vor allem in Vorderasien heimische Kulturpflanzen. Aufgrund pflanzlicher Großrestfunde sind Einkorn, Emmer, Vielzeilgerste, Erbse und Linse häufig nachgewiesene Kulturpflanzen (WILLERDING 1969, S.210f).

Über die bislang erläuterten Aussagemöglichkeiten der Pollenanalyse zum Getreideanbau hinaus, lassen sich nach LANGE (1971, S.21,28,45-53) und nach STECKHAN (1961, S.527ff) durch Kreissektorendiagramme und Indexberechnungen das Ackerbau-Viehhaltungs-Verhältnis abschätzen und graphisch verdeutlichen, wodurch weitere Einblicke in die Wirtschaftsverhältnisse zu gewinnen sind.

Hinweise über Ausdehnung und Nutzung der landwirtschaftlichen Freiflächen

durch Ackerbau und Viehhaltung entnimmt LANGE Kreissektorendiagrammen, in denen die Summe der gezählten Pollenkörner von Getreide (Gerste, Weizen und Hafer), Roggen, Kornblume und Wegerich 100% entspricht. Zum einen wird der Prozentanteil eines jeden der vier Pollentypen bezogen auf ihre Gesamtsumme ermittelt, und zum anderen wird der prozentuale Anteil der Gesamtsumme an der Summe der BP ermittelt und als Kreissektorendiagramm graphisch dargestellt.
Getreide, Roggen und Kornblume sind Indikatoren des Ackerlandes; Wegerich ist Indikator für Viehhaltung bzw. Weidewirtschaft. Leider geht aus den Ausführungen LANGEs nicht hervor, ob mit *Plantago* nur der Pollen von *Plantago lanceolata* oder auch der Pollen der übrigen Wegericharten, die ebenfalls in Grünlandgesellschaften verbreitet sind, gemeint ist. Es ist jedoch anzunehmen, daß nur der Pollen von *Plantago lanceolata* in die Berechnung einging, da meist nur diese Wegerichart, als ein wesentliches Element der Trittgesellschaften, als Indikator für Weideland angewendet wird (vgl. IVERSEN 1941,1949; STECKHAN 1961; WALTER, & STRAKA 1970). Als Indikator für Viehhaltung insgeamt sollte er allerdings nicht herangezogen werden. Leider wird diese Einschränkung von LANGE nicht eindeutig und konsequent durchgezogen. Während in der Legende der Kreissektorendiagramme Wegerich als Weideindikator ausgewiesen ist, interpretiert LANGE die Wegerichanteile als Anzeiger für Viehhaltung insgesamt. Für die Erfassung der Viehhaltung sollten allerdings auch die pollenanalytischen Indikatoren der Wiesenwirtschaft, also der Grünlandwirtschaft insgesamt, in die Berechnung der Kreissektorendiagramme einbezogen werden.
Ferner ist zu berücksichtigen, daß der Roggen mit seiner gegenüber den anderen Getreidearten um ein vielfaches höheren Pollenproduktion und -ausstreuung in der Regel in Pollenspektren überrepräsentiert ist.
Weiterhin ist darauf hinzuweisen, daß der Anteil des pollenanalytisch gut zu erfassenden Buchweizens am Ackerbau nicht in die Berechnung der Kreissektorendiagramme integriert wurde. Außerdem hat Buchweizen einen zeitlichen Zeigerwert, da sein Anbau in Mitteleuropa vom frühen Mittelalter um 1000/1100 n.Chr. (STRAKA 1952,1975a, S.97) bis ins 19. Jahrhundert nachgewiesen ist.
Um Rückschlüsse über die Ausdehnung und Bedeutung des Ackerbaus und der Viehhaltung bzw. Grünlandwirtschaft ziehen zu können, wäre es nach den vorangegangenen überlegungen sinnvoll, die Kreissektorendiagramme und ihre Berech-

nung zu erweitern, indem neben Weideland-Indikatoren auch die übrigen wesentlichen Grünlandanzeiger sowie die Pollenanteile des Buchweizens integriert würden. Es sollte auch versucht werden, den starken Einfluß des Roggen-Pollens rechnerisch in angemessener Weise zu minimieren.

Auf STECKHAN (1961) geht der Getreide-*Plantago (P.lanceolata)*-Index zurück, der das Verhältnis von Getreide- zu Spitzwegerichpollen wiedergibt, wobei der Pollen des Roggens aufgrund seiner hohen Pollenproduktion nicht in die Summe des Getreidepollens einbezogen wird.
Da der Indexwert um so höher ist, je höher das Verhältnis von Getreidepollen zu Wegerichpollen ist, schließt LANGE (1971, S.45-51) auf der Basis mehrerer Untersuchungen von hohen Indexzahlen (>6) auf eine gegenüber dem Ackerbau weniger entwickelte Haustierhaltung. Dagegen besagt eine kleine Indexzahl (<3), daß die Viehhaltung gut entwickelt war, ohne Auskunft über den gleichzeitigen Stand des Ackerbaus zu geben (LANGE 1971).
Auch hier muß darauf aufmerksam gemacht werden, daß mit Spitzwegerich nur die Weidewirtschaft erfaßt wird, so daß ein niedriger Indexwert nicht unbedingt Indiz einer gegenüber dem Ackerbau weniger entwickelten Viehhaltung ist, sondern lediglich auf eine geringe Bedeutung der Weidewirtschaft hinweisen kann. Ferner geben die Verhältnisangaben nur die im Pollenniederschlag eingetretene Verteilung wieder, die lokal bedingt sehr unterschiedlich sein kann, während das reale, großräumigere Nutzungsverhältnis völlig anders sein kann. Die Indexzahlen geben somit nicht Auskunft über das Ausmaß der beiden Nutzungsformen, sondern Hinweise auf die Tendenz einer Veränderung des Nutzungsverhältnisses in unmittelbarer Nähe der Profilstandorte.
In der vorliegenden Untersuchung wurden zwei Getreide-*Plantago lanceolata*-Indices berechnet. Beim ersten Index geht Roggen in die Getreidesumme ein, beim zweiten wird er nicht berücksichtigt (s. Tab.3, S.96).
Selbstverständlich kann mit diesen Indexberechnungen bzw. mit der Pollenanalyse überhaupt die Gesamtheit aller in einem gewissen Zeitraum vorhandenen landwirtschaftlichen bzw. ackerbaulichen Nutzpflanzen und Aktivitäten nicht erfaßt werden. So ist zwar durch archäologische und paläoethnobotanische Untersuchungen nachgewiesen, daß z.B. Hülsenfrüchte wie Erbse, Linse und Ackerbohne schon in vor- und frühgeschichtlicher Zeit Anteil am Ackerbau hatten

(WILLERDING 1969, S.222; KNöRZER 1981, S.157f), aber die Pollenanalyse kann diese Kulturpflanzen nicht zuverlässig erfassen, da sich z.B der Pollen der genannten Arten nur als *Vicia*-Typ, der auch Unkrautarten der Gattungen *Pisum, Lens* und *Vicia* einschließt, erfassen läßt. Noch schwieriger ist es bei den Brassicaceae, die Kulturpflanzen wie Saat-Leindotter, Kohl und Raps umfassen, da deren Pollen nur bis zur Familie bestimmt werden können. Ebensowenig lassen sich Sammelpflanzen (Wildobstarten wie Himbeere, Schlehe, Apfel, Hasel oder Arznei- und Gewürzpflanzen wie Dill, Salbei und Johanniskraut) und ackerbaubegleitende Nutzpflanzen (insbesondere Roggentrespe, Weisser Gänsefuß, Winden-, Ampfer- und Vogelknöterich) in ihrer Funktion als Nahrungslieferanten mittels Pollenanalyse erfassen. Erstens lassen sich ihre Pollen in der Regel nicht artspezifisch bestimmen, ausgenommen z.B. Vogelknöterich, bittersüßer Nachtschatten und Haselstrauch und zweitens ist pollenanalytisch keine Differenzierung zwischen genutzten und ungenutzten Pflanzen möglich.
Da Sammelpflanzen, wie die soeben genannten Kulturpflanzen, pollenanalytisch nicht von ungenutzten Pflanzen gleicher Art oder Familie unterschieden werden können, ist pollenanalytisch die Bedeutung der Wildbeute für das agrare Nutzungsgefüge nur andeutungsweise von dem Vorhandensein der verschiedenen NBP-Typen (z.B. Polygonaceae, Papilionaceae) ableitbar. Hinweise auf das Vorhandensein der Wildbeute können indirekt auch die pollenanalytischen Erkenntnisse über die Waldnutzung geben, da für die Zeit der extensiven Waldnutzung weitgehend die Existenz einer gemeinen Mark angenommen werden darf. Der Wildbeute wurde nach TIMMERMANN (1961) auf Flächen innerhalb der Gemarkung nachgegangen, die einer Mehrzwecknutzung (Gemeine Mark, Wiesen, Daueracherland) unterlagen und somit für das Sammeln von Wildpflanzen geeignet waren.

Unkrautgesellschaften

Mit dem Ackerbau und der Siedlungstätigkeit überhaupt stellen sich Unkrautgesellschaften ein, in denen Pflanzen aus vielen verschiedenen Pflanzenfamilien verbreitet sind. So umfassen vor allem die Chenopodiaceae, Polygonaceae, Plantaginaceae, Brassicaceae, Papaveraceae, Papilionaceae, Urticaceae, Apiaceae und Lamiaceae nicht nur zahlreiche Nutzpflanzen, sondern auch viele Ackerunkräuter. Zahlreiche Arten der Asteraceae, Cichoriaceae, Caryopyllaceae,

Ranunculaceae, Rubiaceae, Campanulaceae und Boraginaceae sind in Segetalgesellschaften verbreitet. Diejenigen der genannten Pflanzenfamilien, die darüber hinaus in natürlichen bzw. naturnahen Pflanzenassoziationen wie Bach-, Ufer- und Waldgesellschaften stärker verbreitet sind, werden nicht den Siedlungs- und Kulturanzeigern, sondern den indifferenten Pflanzen zugeordnet (s. Diagramm WI und WII). Eine pollenanalytische Differenzierung der Segetalflora in Getreide- und Hackfruchtunkrautgesellschaften, wie sie nach pflanzensoziologischen Kriterien vorliegt (ELLENBERG 1978, S.820ff), ist nur in sehr eingeschränktem Maße möglich. Denn *Centaurea cyanus* (Kornblume) ist die einzige pollenanalytisch bestimmbare Pflanze, die sich in den Siedlungsabschnitten der Pollendiagramme pflanzensoziologisch den Getreideunkrautfluren, vor allem dem Wintergetreide, zuordnen läßt. In den spätholozänen Pollendiagrammabschnitten steigt die Kurve der Kornblume im 1. nachchristlichen Jahrhundert an (PAAS, & TEUNISSEN 1978, S.380; KALIS 1983), was nach LANGE (1976, zit. in KALIS 1983) mit der in dieser Zeit in Mitteleuropa eingeführten Dreifelderwirtschaft zusammenhängt, bei der sich in dreijährigem Turnus Wintergetreide, Sommergetreide und Brachland wiederholen. Ebenfalls fand nach WILLERDING (1981, S.68) mit Einführung des Winterroggenanbaus die Kornblume auf den Roggenfeldern günstige Lebensbedingungen. *Centaurea cyanus* kann somit in die oben diskutierten Indexberechnungen zum Getreideanbau-Viehhaltungs-Verhältnis einbezogen werden.

Des weiteren ist zu berücksichtigen, daß die heutigen Segetalgesellschaften nicht mit den vor- und frühgeschichtlichen gleichgesetzt werden dürfen. So sind z.B. Unkräuter, die heute bevorzugt in Hackfruchtunkrautgesellschaften verbreitet sind und paläobotanisch nachgewiesen sind, kein Beweis für einen vor- und frühgeschichtlichen Hackbau. Außerdem sind die wenigsten Unkräuter trotz pflanzensoziologischer Differenzierung in Getreide- und Hackfruchtunkrautgesellschaften gesellschaftstreu (ELLENBERG 1978, S.73). Zahlreiche Pflanzen der Segetalgesellschaften sind auch in Ruderalfluren, auf Müllplätzen, Bauschutt, überdüngten Wegrainen, Dämmen und ähnlichen anthropogenbedingten Standorten, vertreten. Zur Ruderalflora gehören z.B. Arten der Urticaceae, Chenopodiaceae, Polygonaceae, Brassicaceae, Asteraceae, Caryophyllaceae, Scrophulariaceae und der Poaceae.

Pollenanalytisch gibt es folglich, von der Kornblume abgesehen, keine Unter-

scheidungskriterien für die Trennung zwischen Segetal- und Ruderalflora und für eine Differenzierung der Segetalflora in Getreide- und Hackfruchtunkrautgesellschaften.
Da der Kräuterpollen pflanzensoziologisch und ökologisch nicht sehr fein differenziert werden kann, gibt er lediglich schwache Hinweise auf die pflanzensoziologische und ökologische Situation in der Umgebung der Profilstandorte. Weiterhin kann nicht sicher festgestellt werden, wie hoch der Anteil des Kräuterpollens ist, der aus naturnahen Pflanzengesellschaften stammt und es läßt sich pollenanalytisch kein Nachweis für die Nutzung der Kräuter führen. Da aber der Anteil offener Landschaftsflächen erst mit der Inkulturnahme des Landes zunahm, ist ein Anstieg der NBP-Kurve im Pollendiagramm an die anthropogenbedingte Entstehung waldfreier Flächen gebunden. So weisen je nach der Siedlungs- und Bewirtschaftungsintensität sowie den Standortverhältnissen mehr oder weniger hohe NBP-Anteile und ein breites NBP-Spektrum auf den Einfluß des Menschen hin.
Demgegenüber können von paläobotanischen Großrestfunden, die aus Vorrats- und Druschresten stammen, Aussagen über die Standortbeschaffenheit und die Lage der Felder sowie über die Ernteverfahren und die Düngung gemacht werden (WILLERDING 1969, S.20ff,1981, S.66; LANGE 1971, S.23ff). Unkrautsamen gelangt vor allem dann in das Erntegut, wenn er mitgeerntet wird. Eine bodennahe Ernteweise erfaßt auch die niedrigwüchsigen Unkrautarten, während ihr Fehlen im Erntegut und das Vorhandensein nur hochwüchsiger Unkräuter für eine bodenferne Ährenernte sprechen, die in vor- und frühgeschichtlicher Zeit und z.T. auch im Mittelalter betrieben wurde (WILLERDING 1981, S.68).

Freiland-Wald-Problem

Nachdem die wesentlichen anthropogenbedingten Pflanzengesellschaften des Waldes und der Freiflächen und ihre pollenanalytische Erfassung behandelt worden sind, ist abschließend auf eine grundlegende Problematik der Kulturlandschaftsforschung, das Freiland-Wald-Problem, einzugehen. Hierbei soll erörtert werden, ob sich mittels Pollenanalyse eine siedlungsbegünstigende Zusammensetzung des Waldes in frühgeschichtlicher Zeit nachweisen läßt, ob die Pollenanalyse Hinweise auf eine deutliche Abgrenzung oder eine Verzahnung von Freiflächen bzw. Feldern und Wald gibt und ob die pollenanalytischen Belege

für oder gegen eine Konstanz der Freilandflächen sprechen.
Will man den Nachweis erbringen, daß auch Waldgebiete die prähistorische Besiedlung begünstigten und nicht als siedlungsfeindliche Gebiete gemieden wurden, so muß es Beweise dafür geben, daß der Wald bereits vor dem Einsetzen der umfangreichen mittelalterlichen Rodungen besiedelt und bewirtschaftet worden ist. Entgegen GRADMANNs (1901,1939) Theorie einer postglazialen Trokkenzeit, während der die Steppenelemente in Süddeutschland einwanderten und die siedlungsgünstige Steppenheide bildeten, gibt es nach FIRBAS (1949,S.36) keine pollenanalytischen Belege für eine postglaziale Trockenzeit. Da nach pollenanalytischen Befunden Mitteleuropa im Boreal längst wieder mit dichten Wäldern bedeckt war und auch so lange blieb, bis der Mensch nachhaltig in die Landschaft eingriff (FIRBAS 1949), spricht dies dafür, daß das in frühgeschichtlicher Zeit ackerbaulich genutzte Land weitgehend dem Wald abgewonnen werden mußte (NIETSCH 1935,1939; ELLENBERG 1954; SCHARLAU 1954). Allerdings ist auch den bodenkundlichen Untersuchungsergebnissen von ZAKOSEK (1962) und SCHALICH (1981) Rechnung zu tragen, nach denen sich die Bildungsphase der holozänen Steppenböden am Ober- und Niederrhein bis ins frühe Atlantikum erstreckte (s. 7.2). Nach bodenkundlichen Aspekten gab es also durchaus Gebiete mit steppenartiger oder steppenähnlicher Vegetation.
Auf die siedlungsfördernden Nutzungsmöglichkeiten des Waldes, besonders der Eichenwälder als Waldweide, Eichel- und Holzlieferant, wies besonders NIETSCH (1935,1939,1940b) hin.
Die extensive Waldnutzung muß als ein wesentliches Element der Kulturlandschaftsentwicklung in Betracht gezogen werden. Der Mensch förderte die durch Waldweide hervorgerufene Auflichtung der Wälder durch extensive Holznutzung und durch Brände, die er legte, um die offenen Bestände zu vergrößern und dadurch die Futterflächen für das Vieh zu erweitern und zu verbessern (ELLENBERG 1954, S.190).
Nach ELLENBERG (1954, S.191) nahm die Intensität der Waldnutzung mit zunehmender Entfernung von der Siedlung in der Form ab, daß sich "konzentrische Intensitätszonen der Waldverwüstung" herausbildeten.
Die distanzabhängige Waldnutzungsintensität spricht dafür, daß es, entgegen SCHLüTERs (1952, S.12) Auffassung, abgesehen von unmittelbarer Hof- bzw. Siedlungsnähe keinen scharfen Gegensatz zwischen ackerbaulich genutzten Frei-

flächen und dem Wald gegeben hat. Ferner unterstützt nach ELLENBERG (1978, S. 55) und SCHARLAU (1954, S.11) die auf arbeitsextensiver Waldnutzung und Brandrodung beruhende Feld/Wald-Wechselwirtschaft eine Verzahnung von Feldern und Wald. Allerdings wird von paläobotanischer Seite eine dem Wanderfeldbau ähnliche Wirtschaftsweise, wie sie ELLENBERG (1978) hinter der bronzezeitlichen Brandfeld-Wirtschaft vermutet, nicht angenommen. Nach paläoethnobotanischen Befunden ist für die vor- und frühgeschichtliche Zeit die Ährenernte-Methode nachgewiesen, mit der nur ein geringer Biomassenentzug verbunden war, was eine regelmäßige Verlegung der Äcker aufgrund von Bodenerschöpfung nicht erforderte.

SCHARLAU (1954) überprüfte am Beispiel der Kulturlandschaftsentwicklung im Hessischen Bergland, ob sich für diese weitgehend theoretischen überlegungen pollenanalytische Nachweise erbringen lassen. Er wertete verschiedene aus diesem Raum vorliegende Pollendiagramme aus und kam zu folgenden Ergebnissen:

1. Es lassen sich mehrere zeitlich aufeinander folgende Minima der Buchenkurve ausgliedern, die jeweils mit einem Anstieg der EMW-, Birken- und Hasel-Kurve zusammenfallen. Diese Abschnitte entsprechen Rodungsperioden, wobei die Ausdehnung lichtliebender Gehölze für eine extensive Bodennutzungsform im Sinne einer die Brandrodung bevorzugenden Feld/Wald-Wechselwirtschaft spricht.
2. Zwischen diesen Rodungsphasen liegen Wüstungsperioden, die am Rückgang der EMW-Anteile und erneuten Anstieg der Buchenkurve zu erkennen sind.
3. Die siedlungsgeschichtlich-kulturlandschaftsgenetische Zuordnung dieser waldgeschichtlichen Phasen ergibt erstens, daß im Hessischen Bergland schon in frühgeschichtlicher Zeit der Mensch den Wald genutzt und damit erheblich beeinflußt hat; der Wald stellte also ein wesentliches Element des Siedlungs- und Wirtschaftsraumes dar, der durch die mittelalterlichen Rodungen nicht erweitert wurde, sondern unter eine andere Landnutzung (besonders Getreideanbau) gestellt wurde. Zweitens sind die pollenanalytischen Hinweise auf eine bodenvage Feld/Wald-Wechselwirtschaft so zu deuten, daß es keine scharfe Trennung zwischen Feld und Wald gegeben hat. Drittens kann nach SCHARLAU aufgrund der pollenanalytisch und siedlungsgeschichtlich belegten Wüstungsphasen, die eine Wiederbewaldung des offe-

nen Landes auslösten, die These von der Konstanz der Freiflächen mit sich stetig verkleinernden Waldflächen (SCHLüTER 1952, S.15) nicht bestätigt werden.

Bei der SCHARLAUschen Interpretation ist zu bedenken, daß in den zugrundeliegenden pollenanalytischen Arbeiten eine Bestimmung der siedlungsgeschichtlich bedeutenden NBP noch nicht durchgeführt wurde. So ist sein Rückschluß auf eine bodenvage Feld/Wald-Wechselwirtschaft in Frage zu stellen, da hohe NBP-Werte diese Auffassung nicht unterstützen würden. Außerdem sind lichtliebende Gehölze nicht nur Pioniergehölze auf gerodeten Flächen, die der Wiederbewaldung überlassen werden, sondern auch Vertreter in extensiv genutzten Waldbeständen.

Die Ergebnisse der in Kapitel 4 ausgeführten überlegungen über Kriterien und Probleme einer siedlungsgeschichtlich-geographischen Interpretation von Pollendiagrammen sind unter Berücksichtigung der potentiellen natürlichen Vegetation im Raum Wickrathberg in Tabelle 2 (S.95) zusammengestellt worden.

5. Sedimentologische Profilbeschreibung und Zonierung der Pollendiagramme

Die Korngrößenzusammensetzung der Proben wurde mittels Fingerprobe bestimmt. Die Angaben über die Art der organischen Ablagerungen beruhen weitgehend auf den Ergebnissen der Pollenanalyse.
Die lokalen Pollenzonen der Profile WI und WII wurden mit den lokalen Pollenzonen, die KALIS (1981) für die Niederrheinische Bucht erstellt hat und mit den überregionalen vegetationsgeschichtlichen Abschnitten von FIRBAS (1949/52) und OVERBECK (1975) parallelisiert.

5.1 Profil Wickrathberg I (WI)

Dieser Standort befindet sich in einem verlandeten, mehr oder weniger sumpfigen Niersarm (s. Abb. 2) mit einer relativ offenen Vegetation aus Schilf, Seggen, Himbeeren, Brennesseln, Vogelwicken, Disteln, Weiden und einigen randlich stehenden Ahornbäumen.

<u>sedimentologischer Profilaufbau:</u>

0 - 15 cm:	dunkelbrauner bis schwarzer, schwach zersetzer, stark erdiger Birken-Weiden-Erlenbruchtorf mit vielen rezenten organischen Großresten
15 - 35 cm:	dunkelbrauner bis schwarzer, humoser bis stark humoser feinsandiger Schluff mit grauen Feinsandlinsen und geringer Rostfleckung; wenig pflanzliche Großreste
35 - 42,5 cm:	dunkelbrauner bis schwarzer, schwach zersetzter, filziger Niedermoortorf
42,5- 90 cm:	graubrauner bis grauschwarzer, humoser, feinsandiger Schluff mit Rostfleckung in den oberen Zentimetern; wenig pflanzliche Großreste von Carex
90 -120 cm:	brauner, stark humoser, toniger Schluff mit vielen organischen Makroresten; die letzten 9,5 cm werden weitgehend von einem Holzstückchen eingenommen
120 -127,5 cm:	dunkelbraune bis schwarze Mudde mit organischen Großresten
127,5-195 cm:	dunkelbrauner bis schwarzer,mäßig bis stark zersetzter Erlenbruchtorf; z.T. mit feinkörnigen Einlagerungen
195 -210 cm:	brauner, humoser, feinsandiger Schluff mit einem eingelagerten Holzstück; ansonsten geringe pflanzliche Großrestanteile
210 -212,2 cm:	schwach zersetzter Erlenbruchtorf mit Schluffbeimengungen (eventuell von oben eingeschlämmtes Material)
212,2-220,5 cm:	graubraune Mudde mit organischen Makroresten
220,5-255 cm:	dunkelbrauner, humoser Schluff mit zur Basis hin zunehmenden Feinsand- und Mittelsandanteilen; nur wenig pflanzliche Makroreste

Zonierung des Profils WI in die lokalen Pollenzonen und Parallelisierung mit den Zonen nach KALIS (1981), FIRBAS (1949/52) und OVERBECK (1975):

Abschnitt WI,1 (253-248 cm): *BETULA-PINUS*-ZONE

Pinus-Pollen herrscht mit 95 bzw. 74% vor; *Betula* ist nur mit 3% bzw. 11% beteiligt. Die Anteile des Eichenmischwaldpollens (Eiche, Ahorn, Esche, Linde und Ulme), des *Alnus*- und *Corylus*-Pollens sind sehr gering; sie müssen nicht unbedingt auf Verunreinigung zurückgeführt werden. Unter den NBP (11-25%) haben die Gräser den größten Anteil (5-14%). Ein Pollenkorn des *Ephedra-distachya*-Typs (Meerträubel) wurde gefunden.

Diese Zone stimmte mit dem Ende der *Betula-Pinus*-Zone von KALIS und danach mit der Zone IV nach FIRBAS bzw. der Zone V nach OVERBECK überein und ist somit in das ausgehende Praeboreal zu stellen. KALIS (1981) faßt den Zeitabschnitt zwischen 10200 und 8800 vor heute als Praeboreal auf.

Grenze: Steilabfall der Kiefernkurve und lokalbedingtes Ansteigen der Birkenkurve

Es folgt nach einem Hiatus in 245 cm Tiefe eine Probe, die sich weder an die vorangegangene noch an die folgende Probe anschließen läßt. Linde und Birke dominieren mit 16% bzw.32%, und die Hasel erreicht 20%. Der NBP-Anteil ist mit 60% relativ hoch. Davon nimmt *Artemisia* (Beifuß) 22% ein.

Diese Pollenzusammensetzung kann nur durch einen Vermischungsvorgang (Pollenverschlämmung, Erosions- und Akkumulationsvorgänge oder Verunreinigung bei der Probenentnahme) von praeborealen mit borealen Ablagerungen erklärt werden.

Auf diese Probe folgt bis 242 cm ein weiterer Hiatus.

Abschnitt WI,2 (242-204 cm): *TILIA-CORYLUS*-ZONE

Corylus-Pollen dominiert mit 40-50%; *Tilia* ist mit 6-10% beteiligt. Buche und Hainbuche treten in ununterbrochener Kurve auf. In den oberen Zentimetern dieses Abschnittes ist mit der Zunahme des Poaceaepollens ein Anstieg der NBP auf über 60% zu verzeichnen. Es beginnt mit sehr niedrigen Werten die Getreidekurve.

Diese Zone korreliert mit der *Corylus-Tilia*-Zone nach KALIS und entspricht damit der Zone VIII nach FIRBAS bzw. IX nach OVERBECK.

Dieser Abschnitt gehört somit in das Subboreal und ist nach KALIS auf etwa 4700-3900v.h. zu datieren.
Grenze: Abfall der *Tilia*- und *Corylus*-Kurve

Ein dritter Hiatus liegt zwischen 204-196 cm Tiefe vor.

Abschnitt WI,3 (196-160 cm): *CARPINUS-FAGUS-QUERCUS*-ZONE
Die Eiche steigt auf über 40% an; die Buche erreicht mit 19% ihr absolutes Maximum, und auch die Hainbuche ist mit bis zu 8% relativ stark vertreten. Die Linde weist nur noch geringe Werte auf. Bei den NBP setzen u.a. die Kurven von *Rumex, Polygonum*-Typ und *Centaurea cyanus* ein.
Die Zone stimmt mit der *Fagus-Quercus*-Zone von KALIS überein. Sie ist mit dem älteren Teil des Subatlantikums, also mit der Zone IX nach FIRBAS und der Zone XI nach OVERBECK, gleichzusetzen. Nach KALIS fällt dieser Abschnitt in die Zeit von 2600-1400 v.h. (600 v.Chr.-600 n.Chr.).
Grenze: Abfall von Buche und Hainbuche und Zunahme des Getreidepollenanteils

Abschnitt WI,4a (160-120 cm): GETREIDE-*QUERCUS*-ZONE
Obwohl die *Quercus*-Anteile durch die relativ hohen Werte von *Salix* und *Populus* herabgedrückt werden, ist die Eiche mit über 35% weiterhin dominierend. Walnuß und Edelkastanie treten auf. Der Getreidepollen erreicht Werte bis zu 15%; insgesamt haben die NBP Anteile um 75%.
Dieser Abschnitt sowie die folgenden Zonen WI,4b und WI,4c sind der Roggen-Eiche-Zone von KALIS und damit dem jüngeren Teil des Subatlantikums (FIRBAS: Zone X; OVERBECK: Zone XII) zuzuordnen und auf 1400-200 v.h. (600 n.Chr.-1800 n.Chr.) zu datieren.
Grenze: Anstieg der Kiefernkurve und Abnahme der Erlenanteile

Abschnitt WI,4b (120-100 cm): *PINUS-SECALE*-ZONE
Pinus erreicht mit Werten bis zu 30% ein relatives Maximum; *Fagus* verzeichnet eine geringfügige Zunahme um 3%; *Betula* steigt auf über 15% an. Die Kurve des Roggen-Typs erreicht mit etwa 9% ihr absolutes Maximum.
Parallelisierung und Datierung s. WI,4a
Grenze: Abfallen der Kurve von Kiefer, Birke und Getreide

Abschnitt WI,4c (100-50 cm): NBP-*QUERCUS*-ZONE
Die Eichenanteile steigen auf 40-70% an, während die Kiefer auf 5-10% abfällt. *Fagus* hingegen verzeichnet nach einem anfänglichen Abfall einen erneuten Anstieg bis maximal 11%. Die NBP-Anteile sind mit 85-90% sehr hoch. Die NBP setzen sich aus vielen verschiedenen Taxa zusammen. Erstmals tritt Pollen von *Fagopyrum esculentum* (Buchweizen) auf.
Parallelisierung und Datierung s. WI,4a
Grenze: zunehmende Kiefernanteile und sinkende Buchenwerte

Abschnitt WI,4d (50-35 cm): *PINUS-QUERCUS*-ZONE
Noch herrscht der Eichenpollen trotz steigender Kiefernwerte (20-30%) mit etwa 55% vor. Pollen von *Fagus* wird nicht mehr durchgehend gefunden. Spitzwegerich und Mohn weisen mit 4% bzw. 3% ihre höchsten Werte auf.
Dieser Anschnitt ist mit der Wende der *Secale-Quercus*-Zone/*Pinus*-NBP- Zone von KALIS zu parallelisieren und zeitlich um 1800 n.Chr. anzusetzen.
Grenze: steiler Abfall der *Quercus*-Kurve

Abschnitt WI,5 (35-2 cm): *PINUS*-ZONE
Die Eichenkurve wird von der Kiefernkurve gekreuzt, d.h. die Eiche (19-30%) gibt ihre Dominanz an die Kiefer (25-35%) ab. Die Getreidepollenwerte sind auf etwa 5% gesunken; und die Anzahl der siedlungsanzeigenden Pflanzen ist geringer geworden. Die hohen Urticaceaewerte (Brennesselgewäche) verlaufen dieser Tendenz jedoch entgegengesetzt.
Dieser Abschnitt ist mit der KALISschen *Pinus*-NBP-Zone des jüngsten Subatlantikums zu vergleichen. Sie beginnt etwa 1800 n.Chr..

5.2 Profil Wickrathberg II (WII)

Das Profil Wickrathberg II wurde in einem Erlenbruchwald entnommen, der von einem seichten Gewässer durchflossen wird (Abb. 2). Der Bruchwald setzt sich in erster Linie aus Erlen, Weiden und Holunder zusammen. Es sind aber auch Pappel, Ahorn und anthropogenbedingt Fichte vertreten. Im krautigen Unterwuchs dominieren Brennessel und Labkraut. Am Gewässerrand wächst Schilf, und als Wasserpflanzen sind Seerosen und Hahnenfußgewächse vorhanden.

<u>sedimentologischer Profilaufbau:</u>

0 - 18,4 cm:	dunkelbrauner bis schwarzer, mäßig zersetzter, schwach erdiger Erlenbruchtorf mit Grob- und Mittelsandeinstreuungen in in den oberen 7 cm
18,4- 40 cm:	dunkelbrauner, humoser bis stark humoser Schluff mit Grobsand im oberen und Feinsand im unteren Bereich; wenig makroskopisch erkennbare Pflanzenreste
40 -115,5 cm:	graubrauner, humoser, feinsandiger Schluff mit organischen Großresten; zwischen 85 und 90 cm fossiles Holzstück; in den unteren Zentimetern Blattscheiden von *Carex*
115,5-120 cm:	schwarzbrauner, schluffiger, stark zersetzter Erlen-Weidenbruchtorf
120 -150 cm:	mäßig bis stark zersetzter, schwarzbrauner Erlenbruchtorf
150 -158,1 cm:	grauschwarzer, sehr stark humoser Schluff mit wenigen pflanzlichen Makroresten
158,1-187,5 cm:	braunschwarzer, stark zersetzter, kompakter Niedermoortorf; nach unten zunehmend erdiger
187,5-190,5 cm:	graubrauner, humoser, schluffiger Feinsand mit wenigen Pflanzengroßresten
190,5-198,8 cm:	schwarzer, stark zersetzter Niedermoortorf
198,8-240 cm:	grauschwarzer, stark humoser Schluff mit wenig pflanzlichen Makroresten; ab 209 cm mit Sand vermischt
240 -244 cm:	dunkelbrauner bis schwarzer, stark zersetzter Niedermoortorf; wahrscheinlich bei der Probenentnahme von oben eingeschlämmt
244 -270 cm:	hellbrauner, z.T. grauer Mittel- bis Grobsand mit zur Basis hin abnehmendem Humusgehalt

<u>Die lokalen Pollenzonen des Profils WII</u> und ihr Korrelation mit den vegetationsgeschichtlichen Abschnitten von KALIS (1981), FIRBAS (1949/52) und OVERBECK (1975):

<u>Abschnitt WII,1</u> (265-175 cm): *BETULA-PINUS*-ZONE

Die Anteile des *Pinus*-Pollens steigen von anfänglich 48% auf 60-90% an.

Demgegenüber fällt *Betula* von 38% ab und schwankt schließlich zwischen 6 und 22%. Die Kurve der Weide fällt von 10% auf bis zu 2% ab. Unter den NBP (etwa 50%) sind die Cyperaceae mit z.T. über 30% beteiligt; zu erwähnen sind die Caryophyllaceae mit 6-10% im unteren Abschnitt und die Einzelfunde vom *Ephedra-distachya*-Typ (Meerträubel), von *Helianthemum* (Sonnenröschen) und *Selaginella* (Moosfarn).

Dieser Abschnitt stimmt mit der KALISschen *Betula-Pinus*-Zone überein und entspricht demnach der Zone IV von FIRBAS bzw. der Zone V von OVERBECK des Praeboreals.

Zeitliche Einstufung: 10200-8800 v.h.

Grenze: beginnender Steilanstieg der *Tilia*-Kurve

Zwischen 175 und 174 cm liegt ein Hiatus vor.

Abschnitt WII,2 (174-155cm): *PINUS-CORYLUS-TILIA*-ZONE

Die Linde erreicht ihr Maximum mit 31%; die Kiefer ist mit Werten zwischen 60 und 20% noch stark vertreten; die Hasel schwankt zwischen 10 und 30%; erstmals treten Buchen- und Hainbuchpollen auf.

Diese Zone entspricht der *Corylus-Tilia*-Zone nach KALIS und gehört in die Zone VIII nach FIRBAS bzw. IX nach OVERBECK des Subboreals.

Das Alter der *Corylus-Tilia*-Zone wird nach KALIS auf 4700-3900 v.h. angesetzt.

Grenze: steiler Abfall der Lindenkurve; steigende Anteile des Buchenpollens

Es folgt ein weiterer Hiatus von 155-148 cm.

Abschnitt WII,3 (148-121 cm): *QUERCUS-CARPINUS-FAGUS*-ZONE

Parallel zum Anstieg der *Fagus*-Kurve von 3% auf bis zu 15% verläuft der Anstieg von *Carpinus* auf bis zu 11%. Die Eiche ist mit Werten zwischen 20 und 35% beteiligt. Die Kiefer sinkt bis unter die Buchenanteile.

Die Kurven kultur- und siedlungsanzeigender Pflanzen, z.B. von Getreide oder Kornblume, beginnen bzw. steigen an.

Dieser Abschnitt ist der *Fagus-Quercus*-Zone von KALIS entsprechend der subatlantischen Zone IX nach FIRBAS und der Zone XI nach OVERBECK gleichzusetzen.

Datierung dieser Zone: 2600-1400 v.h. (600 v.Chr.-600 n.Chr.)

Grenze: Abfallen der Buchen- und Hainbuchenkurve; Anstieg der Getreidekurve; Auftreten verschiedener anderer NBP, EMW-Kurve kreuzt die Haselkurve

Abschnitt WII,4a (121-80 cm): *SECALE-QUERCUS*-ZONE

Quercus dominiert mit Anteilen bis zu 58%; die Kurve von *Corylus* fällt weiter ab und schwankt schließlich zwischen 3 und 12%. Die Zunahme des Roggen-Typanteils wird begleitet vom Einsetzen der Kurve des Buchweizens, der Walnuß und der Edelkastanie. Die NBP erreichen mit 89% ihr absolutes Maximum. Der Anteil des Poaceae-Pollens macht 40-50% aus.

Diese Zone leitet den jüngeren Abschnitt des Subatlantikums ein, der von KALIS als *Secale-Quercus*-Zone ausgegliedert und auf 1400-200 v.h. (600-1800 n.Chr.) datiert wurde (nach FIRBAS Zone X; nach OVERBECK Zone XII).

Grenze: erneuter Anstieg der *Fagus*-Kurve und Abfall der Getreidekurve.

Abschnitt WII,4b (80-70 cm): *FAGUS-QUERCUS*-ZONE

Quercus dominiert mit 42% weiterhin; mit 14% erreicht die Buche ihr 2. Maximum. Die Summe des Getreidepollens sinkt auf 9%.

Dieser Abschnitt gehört wie der vorangegangene in die Zone X des Subatlantikums (nach FIRBAS).

Grenze: EMW-Kurve und *Pinus*-Kurve kreuzen sich

Abschnitt WII,5a (70-9 cm): *PINUS*-NBP-ZONE

Die NBP nehmen etwa 85% ein; unter den Siedlungsanzeigern herrschen *Polygonum convolvolus*-Typ (meistens Vogelknöterich), Spitzwegerich und Schmetterlingsblütler vor. Die Buchweizenkurve läuft aus. Die Kiefer steigt zuungunsten der Eichenanteile auf Werte zwischen 30 und 70% an.

Diese Zone ist mit der *Pinus*-NBP-Zone des jüngsten Subatlantikums zu parallelisieren (vgl. KALIS 1981). Sie beginnt nach KALIS um 1800.

Grenze: Abfallen der *Pinus*-Kurve

Abschnitt WII,5b (9-2 cm): URTICACEAE-*FAGUS-PINUS*-ZONE

Pinus fällt um fast 40% auf 37% ab, bleibt aber weiterhin vorherrschend. Die

Kurven von Buche und Hasel verzeichnen einen deutlichen Anstieg. Unter den NBP sind die relativ hohen Urticaceae-Anteile bemerkenswert. Der Anteil des Poaceae-Pollens ist mittlerweile auf 33% gesunken.
Parallelisierung und Datierung: s. WI,5a

6. Die holozäne Vegetationsgeschichte im Raum Wickrathberg und angrenzender Gebiete

Ausgangspunkt einer siedlungsgeschichtlichen und -genetischen Interpretation von Pollendiagrammen ist die Erfassung und Darstellung der holozänen Vegetationsgeschichte, in der sich vor allem in ihren jüngsten Abschnitten die Einflüsse der Besiedlung und Bewirtschaftung auf die Vegetation widerspiegeln.
Zur Vervollständigung des vegetationsgeschichtlichen Ablaufs werden auch die Vegetationszonen, die infolge Schichtlücken in den Profilen WI und WII nicht erfaßt wurden, anhand der Literatur kurz beschrieben.

6.1 Praeboreal (WII,1 und WI,1)

In das vorwärmezeitliche Vegetationsbild sind die Abschnitte WII,1 und WI,1, einzuordnen, die in beiden Profilen als *BETULA-PINUS*-ZONE bezeichnet wurden. In übereinstimmung mit Ergebnissen anderer pollenanalytischer Untersuchungen aus dem niederrheinischen Raum waren die Lößböden im Raum Wickrathberg im Praeboreal schon sehr früh mit Kiefern bewaldet, wie aus den hohen, nicht mehr allein durch Fernflug zu erklärenden Anteilen des Kiefernpollens hervorgeht (vgl. FIRBAS 1949; AVERDIECK, & DöBLING 1959; JANSSEN 1960; REHAGEN 1963,1964,1967; KALIS 1981). Im Niederrheinischen Tiefland hingegen konnte nach REHAGEN (1964) die Birke über einen längeren Zeitraum ihre Vorherrschaft infolge des dort stärkeren und nachhaltigeren Einflusses der jüngeren dryaszeitlichen Klimaverschlechterung und der weniger fruchtbaren Böden halten.
Gegen eine Parallelisierung der Abschnitte WI,1 und WII,1 mit dem kiefernreichen Teil des Alleröds, wie er für die Niederrheinische Bucht von AVERDIECK

und DÖBLING (1959) und von JANSSEN (1960) für das Leiffender Venn in Südlimburg nachgewiesen wurde, sprechen die zwar geringen aber steten *Corylus*-Pollenfunde sowie der Pollen anderer wärmeliebender Pflanzen wie *Quercus* und *Ulmus*. Auch wenn die relativ hohen, vegetationsgeschichtlich nicht zu erklärenden Erlen- und Lindenwerte in Abschnitt WII,1 vermutlich auf eine postsedimentäre Pollenverschlämmung oder Probenverunreinigung bei der Profilentnahme zurückzuführen sind, lassen sich die Pollenfunde von *Corylus*, *Ulmus* und *Quercus* als Indikatoren der endgültigen postglazialen Klimaverbesserung werten, da im Alleröd Pollen wärmeliebender Pflanzen allgemein fehlen.
Mit den beiden untersten Proben der Zone WII,1 ist möglicherweise der Übergang von der Jüngeren Dryaszeit in das Praeboreal erfaßt worden. Dieser Übergang ist nach KALIS (1981) in der westlichen Niederrheinischen Bucht durch eine steil abfallende *Betula*-Kurve und einen starken Anstieg des Kiefernpollenanteils ausgeprägt. Für den dryaszeitlichen/praeborealen Übergang sprechen die noch relativ hohen NBP-Anteile in WII,1 (auch ohne die lokalbedingten Cyperaceae-Pollen), die in ihrer quantitativen und qualitativen Zusammensetzung (Caryophyllaceae, Asteraceae, *Artemisia*, *Filipendula* und Einzelfunde vom *Ephedra-distachya*-Typ und von *Helianthemum*) Ausdruck einer noch nicht völlig wiederbewaldeten, mit Steppen- und z.T. Tundrenelementen (*Selaginella*) durchsetzen Landschaft sind. Mit fortschreitender Ausbreitung der Kiefer nehmen neben dem Birkenpollen auch die NBP-Anteile allmählich ab. Der jüngste Abschnitt der Zone WII,1 ist somit mit der Zone WI,1 zu parallelisieren.
Der Pollen der Weide, Pappel und Birke sowie der Cyperaceae zeugt von standörtlichen Auenwäldern mit Riedgrasbeständen. Aquatische Pflanzen waren, nach den geringen Pollenfunden dieser Pflanzengruppe, lokal nur wenig vertreten.

6.2 Boreal

Aus dem sowohl auf WI,1 als auch auf WII,1 unmittelbar folgenden Steilanstieg der Lindenkurve und dem Auftreten von Buchen- und Hainbuchenpollen geht hervor, daß in beiden Profilen das Boreal, das Atlantikum sowie das älteste Sub-

boreal infolge Schichtlücken nicht erfaßt werden konnten.
Das Fehlen dieser Schichten kann zwei Ursachen haben. Entweder wurde das im Boreal und Atlantikum sedimentierte Material im frühesten Subboreal infolge verstärkten Abflusses des Niers wieder abgetragen, oder die Verlandung stagnierte zwischen dem Praeboreal und dem Subboreal. Letztere These würde mit den Ergebnissen von URBAN et al. (1983) übereinstimmen, nach denen eine Versumpfungs- und Verlandungstendenz am linken Niederrhein erst spät im Holozän (Subboreal/Subatlantikum) einsetzte.

Im übergang vom Praeboreal in das auch als Frühe Wärmezeit bezeichnete Boreal (nach FIRBAS Zone V; nach OVERBECK Zone VI u. VII) begann im gesamten niederrheinischen Raum die Massenausbreitung der Hasel. Die Hasel verdrängte allmählich die am Niederrhein bislang vorherrschende Kiefer und erreichte ihr boreales Maximum (*Corylus*-Gipfel C_1). Die lichten praeborealen Kiefernwälder wurden durch haselreiche Kiefernwälder und reine Haselhaine ersetzt. Im Zuge des ozeanischer werdenden Klimas zogen sich die Kiefern auf sandige, nährstoffarme Böden zurück oder bildeten nach REHAGEN (1963) vermutlich zusammen mit der Birke auf Niedermooren Birken-Kiefern-Bruchwälder. Gleichzeitig breiteten sich Ulme und Eiche weiter aus, und es wanderten Linde, Erle und Esche ein. Ulme, Eiche und später auch die Erle drangen allmählich in die Birken-Kiefernwälder der Niederungen ein und dominierten schließlich über Birke und Kiefer (REHAGEN 1963,1964, 1967; KALIS 1981).
KALIS datiert das Boreal für die Niederrheinische Bucht auf 8800-7500 v.h..

6.3 Atlantikum

Die Massenausbreitung der Erle, die in den Bruchwäldern der grundwasserbeeinflußten Auenböden die Vorherrschaft übernimmt, kündigt die Mittlere Wärmezeit, das Atlantikum, an (nach FIRBAS Zone VI und VII; nach OVERBECK Zone VIII). Neben der Erle kommen auch Eiche, Ulme, Hasel und Esche vor.
Während im Niederrheinischen Tiefland im frühen Atlantikum die steil ansteigende Erlenkurve die abfallende Pinuskurve kreuzt, ist in der Niederrheinischen Bucht die Kreuzung beider Kurven aufgrund der langsamer ansteigenden

Erlenkurve nicht so markant ausgeprägt (REHAGEN 1963,1964).
Auch in der Niederrheinischen Bucht sind für das ältere Atlantikum sehr hohe, meist über den *Tilia*-Werten liegende *Ulmus*-Anteile charakteristisch. KALIS (1981) schließt von diesen Werten in Verbindung mit den Eichenvorkommen auf Eichen- und Ulmenwälder in den Tälern der westlichen Niederrheinischen Bucht. Auf Gley- und Moorböden waren Erlenbrüche und auf den Lößflächen seiner Meinung nach reine Lindenwälder verbreitet. Im Niederrheinischen Tiefland dehnten sich die EMW-Elemente nicht in dem Maß aus wie in der Niederrheinischen Bucht. Wohl aber wurde hier die Eiche stärker gefördert, was sich nach REHAGEN in Form großflächiger Eichenwälder äußerte. Die ärmeren Böden waren mit Eichen-Birkenwäldern bestanden, die fruchtbaren mit ulmen- und lindenreichen Eichenwäldern.
Sowohl in der Niederrheinischen Bucht als auch im Niederrheinischen Tiefland erfolgte schon im mittleren Atlantikum ein deutlicher Ulmenabfall (REHAGEN 1963,1964; KALIS 1981), während für NW-Deutschland der Ulmenabfall erst für das ausgehende Atlantikum kennzeichnend ist (Die Ursachen des Ulmenabfalls werden unter 7.2 erörtert). Mit dem Ulmenabfall war jedoch keine wesentliche Veränderung des Waldbildes im jüngeren Atlantikum verbunden.
Die im Atlantikum festzustellende geringe Zunahme der NBP ist mit der neolithischen Besiedlung in Beziehung zu setzen und weist auf das Auftreten kleiner entwaldeter Flächen hin (REHAGEN 1964; KALIS 1981).
Das Atlantikum endet in Mitteleuropa in der Regel mit dem steilen Abfall der Ulmenkurve, dem ein Lindenabfall folgt. Am Niederrhein ist dieser Ulmenabfall an der Wende Atlantikum/Subboreal jedoch nicht so stark oder gar nicht ausgeprägt. Für den niederrheinischen Raum kann er somit nicht wie in NW-Deutschland als wesentliches Kriterium der Grenzziehung zwischen beiden Zonen herangezogen werden. Hier hat sich der Pollen von *Plantago lanceolata* als geeigneter Parameter erwiesen.
Als Atlantikum bezeichnet KALIS (1981) den Zeitraum zwischen 7500 und 5400 v.h..

6.4 Subboreal (WI,2 und WII,2)

Die Wende Atlantikum/Subboreal ist mit der *Tilia-Corylus*-Zone (WI,2) und *Pinus-Corylus-Tilia*-Zone (WII,2) nicht mehr erfaßt worden. Dies geht aus den einerseits niedrigen bzw. fehlenden Anteilen der Ulme und den andererseits hohen Lindenwerten in Verbindung mit den Funden von Buchen- und Hainbuchenpollen hervor.
Für die Abgrenzung des Subboreals vom Atlantikum hat sich für NW-Deutschland, die Niederlande, Dänemark und den Niederrhein das regelmäßige Auftreten des *Plantago lanceolata*-Pollens als ein zuverlässiges Kriteriun herausgestellt (vgl. IVERSEN 1941).
KALIS (1981), der für die Jülicher Börde am Ende des Atlantikums bzw. Anfang des Subboreals einen zweiten, endgültigen Ulmenabfall feststellte, gibt als Grenzparameter einen dritten *Corylus*-Gipfel (C_3-Gipfel) an, der von SCHüTRUMPF (1972/73) für die Kölner Bucht bestätigt und auf etwa 3000 v.Chr. datiert wird .
Genauere Angaben über die Verteilung der Waldgesellschaften im frühen Subboreal macht nur KALIS (1981) für die westliche Niederrheinische Bucht.
In diesem noch immer fast vollständig bewaldeten Raum wurden die Ulmen- und Lindenwälder weitgehend durch lichte, strauchreiche Eichenwälder ersetzt (vgl. SCHüTRUMPF 1972/73). Sie eroberten sowohl die Lößflächen als auch die Täler. Die Eichenwälder wurden von kleinen, waldlosen Flächen durchsetzt. Reine Lindenwälder hatten sich nur in Siedlungsferne erhalten können. Ob klimatische oder anthropogene Faktoren diese tiefgreifenden Vegetationsveränderungen nach sich gezogen haben, ist noch ungeklärt. Es ist anzunehmen, daß die Gründe im gleichzeitigen Zusammenwirken beider Kräfte, d.h. Abkühlung einerseits und Eingriff des Ackerbau betreibenden Menschen andererseits, zu suchen sind.
Für die obere Grenze der *Quercus-Corylus*-Zone von KALIS ist ein erneuter, steiler Anstieg der Lindenkurve und ein Abfallen der Eichenkurve charakteristisch. Es folgt nach KALIS Zonierung in der Jülicher Börde die *Corylus-Tilia*-Zone, in die die Zonen WI,2 und WII,2 einzuhängen sind. Auch wenn sich beide Zonen in ihren *Pinus-*, *Alnus-* und NBP-Anteilen voneinander unterscheiden, so stimmen sie dennoch aufgrund ihrer relativ hohen Lindenwerte und

den gleichzeitig fehlenden (WII,2) bzw. geringen Ulmenanteilen (WI,2) mit der von KALIS ausgegliederten Zone überein.
Die hohen Lindenwerte lassen auf eine erneute Ausbreitung der Lindenwälder schließen , die sich nach JANSSEN (1960) aufgrund der geringen Ulmenanteile auch in den Tälern ausgebreitet hatten.
Die pollenanalytischen Daten der Zonen WI,2 und WII,2 sind als Ausdruck ähnlicher Vegetationsverhältnisse im Wickrathberger Raum zu deuten. Die hohen Anteile des Erlenpollens der Zone WI,2 lassen auf einen lokalen Erlenbruchwald im Bereich der Niersaue schließen. Für die Ausdehnung der Linden in den Talbereichen sprechen die verhältnismäßig hohen *Tilia*-Werte in WI,2 und WII,2, die nicht allein durch den Nahflugpollenniederschlag erklärt werden können. Der Niederschlag von Pollen aus mehr oder weniger weit entfernten Gegenden wird von den hohen Kiefernanteilen (20-60%) der Zone WII,2 erhärtet, wie sie auch KALIS (1981) in der Jülicher Börde für das mittlere und späte Subboreal nachweist, da sie Ausdruck einer relativ lichten Waldvegetation am Standort selbst und in der näheren Umgebung sind. Diese Schlußfolgerung stützt sich darauf, daß sich die Kiefer auf den Lößflächen aufgrund der höheren Konkurrenzkraft der auf den Lößböden wachsenden Eichen, Linden und Hasel nicht ausbreiten konnte. Der hohe Anteil des Kiefernpollens am Pollenniederschlag kann aber auch Ausdruck einer nutzungsbedingt regenerationsschwachen bzw. unfähigen Vegetation mit geringer Pollenproduktion sein.
Die nicht so hohen Kiefernwerte der Zone WI,2 sind auf den dichteren Erlenbruchwald mit Weiden und Pappeln zurückzuführen.
Die *Pinus*-Anteile der Zone WII,2 sowie die NBP-Anteile beider Zonen lassen eine von waldfreien Flächen durchsetzte Vegetation erkennen. Die waldlosen Flächen traten nach KALIS zunächst auf den Lößflächen und später auch in den Flußauen auf.
Wie schon erwähnt, erreichte die Kiefer in der Jülicher Börde nach KALIS ihre subborealen Höchstwerte erst im mittleren bis späten Subboreal. Es ist demnach nicht auszuschließen, daß vor allem die Zone WII,2 mit dem Übergangsbereich vom mittleren zum jüngeren Subboreal zu parallelisieren ist.
Corylus erreicht vor allem in WI,2 ein relatives Maximum. Eine Parallelisierung mit dem C_3-Gipfel ist aber unwahrscheinlich, da dieser Gipfel in der Regel für die Wende Atlantikum/Subboreal typisch ist (REHAGEN 1964; SCHÜT-

RUMPF 1972/73; KALIS 1981). Es scheint sich vielmehr um eine Begünstigung der Hasel in der Umgebung von Wickrathberg zu handeln, die durch die Entstehung waldfreier Flächen bedingt ist. Dieser Anstieg der Haselanteile ist daher eher als ein Vorbote des C_4-Gipfels im späten Subboreal anzusehen.
Das mittlere und ausgehende Subboreal ist am Niederrhein allgemein durch die nun geschlossene Buchenkurve mit allerdings noch sehr geringen Werten sowie durch das meistens noch sehr sporadische Auftreten der Hainbuche und des Ahorns gekennzeichnet. Ihre Anteile an der subborealen Vegetation waren noch gering. Von lokalen Modifikationen abgesehen, war die Eiche das dominierende Waldelement.
Für das ausgehende Subboreal stellt KALIS in der westlichen Niederrheinischen Bucht einen Rückgang der Entwaldung (steigende Buchenanteile und rückläufige NBP-Anteile) fest, während das C_4-Maximum mit dem darauffolgenden Haselabfall fehlt.
Die wesentlichen vegetationsgeschichtlichen Ereignisse des Subboreals im Raum Wickrathberg können mit folgenden ^{14}C-Datierungen, die für die Kölner Bucht von SCHÜTRUMPF (1972/73, S.31) durchgeführt worden sind, zeitlich genauer eingeordnet werden:

Corylus-Maximum C_3:
älter als 2200/2100 v.Chr.
jünger als 3000 v.Chr.

Empirische Buchen-Pollengrenze:
wenig älter als 2250 v.Chr.
jünger als 3000 v.Chr.

Mitte des Haselabfalls vom *Corylus*-Maximum C_3:
jünger als 3000 v.Chr.
um 2250-2100 v.Chr.

Anstieg zum *Corylus*-Maximum C_4:
jünger als 2060 v.Chr.
zwischen 1970 und 1800 v.Chr.

Diesen Datierungen zufolge sind die Zonen WI,2 und WII,2 in Anbetracht des vorhandenen Buchenpollens und des Kurvenverlaufs des Haselpollens jünger als

2250 v.Chr. und älter als 1970 bzw. 1800 v.Chr.

6.5 Subatlantikum (WI,3-WI,5 und WII,3-WII,5)

Im Subatlantikum, das in seinem ausgehenden älteren Abschnitt (WI,3 u. WII,3) und jüngeren Teil (WI,4-WI,5 u. WII,4-WII,5) erfaßt werden konnte, wird die Vegetationsgeschichte in zunehmendem Maße vom Menschen bestimmt. Die anthropogenen Eingriffe in die Natur erschweren die Beurteilung der tiefgreifenden Vegetationsveränderungen, die sich im frühen Subatlantikum vollzogen haben und sowohl klimatische als auch anthropogene Ursachen hatten (NIETSCH 1940a; FIRBAS 1949/52; JANSSEN 1960; REHAGEN 1964). Auch wenn die Ausbreitung der Buche und Hainbuche mit der nachwärmezeitlichen Klimaverschlechterung verbunden ist, muß das Verhalten der BP- und NBP-Kurven in engem Zusammenhang mit den Siedlungstätigkeiten des Menschen gesehen werden (IVERSEN 1960; KALIS 1981,1983; URBAN et al. 1983).

Diese Zusammenhänge spiegeln auch die subatlantischen Pollenzonen der Profile WI und WII in den sich ständig ändernden Anteilen der einzelnen BP und NBP wider.

Nach REHAGEN (1964) konnten die steigenden Buchenanteile der frühen Nachwärmezeit am Niederrhein keine Dominanz in der Stärke erreichen, daß reine Buchenwälder großflächig verbreitet waren, da die Buche die am Niederrhein weit verbreiteten feuchten Auenbereiche meidet. Seiner Meinung nach wurde die niederrheinische Landschaft des frühen Subatlantikums von ausgedehnten Eichen-Buchenmischwäldern bestimmt. Demgegenüber waren nach KALIS (1981) und JANSSEN (1960) die Lößflächen der Jülicher Börde im frühen Subatlantikum zunächst noch mit nahezu reinen Buchenwäldern bedeckt. Diese wurden erst im Zuge der Buchenwaldbewirtschaftung zu Buchen-Eichenwäldern oder Eichenwäldern umgewandelt, wobei in Siedlungsferne reine Buchenwälder erhalten blieben. In den Auen der niederrheinischen Bucht waren artenreiche Eichenwälder mit Ulmen, Linden, Eschen und Hainbuchen sowie Erlenbruchwälder verbreitet. Letztere bevorzugten die Gley- und Moorböden der Flußtäler.

In den Phasen verstärkter Siedlungstätigkeit und -eingriffe des älteren Subatlantikums dehnten sich die waldfreien Flächen zuungunsten der Eichen-

und Buchenwälder aus. Am Ende des frühen Subatlantikums, zur Zeit der Völkerwanderung, regenerieren sich die niederrheinischen Wälder in übereinstimmung mit anderen mitteleuropäischen Räumen (vgl. FIRBAS 1949/52). Diesen Zeitabschnitt geben die Zonen WI,3 und WII,3 wieder. Die sich anschließenden Pollenzonen sind somit in die darauffolgenden Jahrhunderte bis zur Neuzeit bzw. Gegenwart einzuordnen.
Das jüngere Subatlantikum beginnt mit den mittelalterlichen Rodungen (WI,4a; WII,4a), die einen erheblichen und nachhaltigen Eingriff in den Naturhaushalt darstellen. Sowohl im Niederrheinischen Tiefland als auch in der Niederrheinischen Bucht nehmen die BP-Anteile ab, und die hohen Anteile der NBP (mit zahlreichen kultur- und siedlungsbegleitenden Pflanzen) sind Ausdruck einer großflächig entwaldeten, landwirtschaftlich intensiv genutzten Landschaft.

7. Die Siedlungsentwicklung im Raum Wickrathberg nach pollenanalytischen Untersuchungen

Mit der vegetationsgeschichtlichen Gliederung der Profile WI und WII und mit dem Einhängen der lokalen Pollenzonen in das weitgehend absolut datierte Pollendiagramm der westlichen Niederrheinischen Bucht von KALIS (1981) ist für beide Diagramme eine relative Datierung durchgeführt worden, die das Gerüst für eine zeitliche Verknüpfung der vegetationsgeschichtlichen Zonen mit der Siedlungsgeschichte dargestellt.
Der Schwerpunkt der kulturlandschaftsgenetischen Interpretation der Pollendiagramme liegt auf dem Zeitraum zwischen den ersten nachchristlichen Jahrhunderten und der Gegenwart, der sich in den Profilen weitgehend widerspiegelt. Von den prähistorischen Zeiträumen sind das ältere Mesolithikum und das jüngere Neolithikum erfaßt worden. Zur Veranschaulichung und Vervollständigung der kulturlandschaftlichen Entwicklung werden auch die nicht von den Profilen erfaßten Kulturepochen (Bronze-, Eisen- und Römerzeit) in einem kurzen überblick umrissen (Taf. V).

7.1 Mesolithikum

Das Mesolithikum (um 8200-4500 v.Chr.) ist in Wickrathberg und Umgebung durch mehrere archäologische Funde belegt (ARORA 1979, S.29f). Ein Fundplatz befindet sich nach mündlicher Mitteilung von Dr. ARORA in unmittelbarer Nähe des Standortes WI.
Mit den praeborealen Abschnitten WI,1 und WII,1 sind Teile des älteren Mesolithikums bis etwa 6800 v.Chr. erfaßt worden (s. Tafel V).
Zu Beginn der Mittelsteinzeit war die Landschaft im Raum Wickrathberg noch nicht völlig wiederbewaldet; inselartig hatte sich noch Steppen- und Tundrenvegetation erhalten (WII,1 in 265-195 cm Tiefe), die nach pollenanalytischen Befunden im Laufe des Praeboreals durch die sich ausbreitenden Birken-Kiefernwälder immer mehr zurückgedrängt wurde (s. WI,1 und WII,1 185-176 cm). Vorwärmezeitliche Steppenelemente bzw. NBP überhaupt sind in die natürliche Abfolge der Vegetationsgeschichte einzuordnen und nicht als Anzeiger mesolithischer Siedlungsspuren zu interpretieren. Die vereinzelten Pollenfunde des Getreidetyps in WI,1 und WII,1 sind entweder auf Probenverunreinigungen oder auf Wildgräser mit Pollen des Getreidetyps zurückzuführen. Eine lokale, zeitlich jedoch begrenzte Erhaltung und Förderung der Steppenelemente durch die Mesolithiker kann allerdings nicht ausgeschlossen werden.
Insgesamt sprechen pollenanalytische und paläoethnobotanische Befunde dafür, daß die aneignende Lebensweise der mesolithischen Jäger, Fischer und Sammler die Pflanzendecke kaum verändert oder beeinflußt hat (vgl. FIRBAS 1949, S. 348ff; ISENBERG 1979, S.39).

7.2 Neolithikum

An der Wende Mittelsteinzeit/Jungsteinzeit, etwa zeitgleich mit dem übergang vom älteren zum jüngeren Atlantikum, vollzog sich in Mitteleuropa der von Südosten nach Norden und Nordwesten fortschreitende, kulturlandschaftsgeschichtlich bedeutende übergang vom Jäger-, Fischer- und Sammlertum zur bäuerlichen Wirtschaftsform mit Tierhaltung und Getreideanbau.
Die Profile WI und WII umfassen mit den spätwärmezeitlichen Abschnitten WI,2

und WII,2 nur einen Teil des Jungneolithikums, etwa zur Zeit der Becherkulturen um 2250-1800 v.Chr.. Für eine Besiedlung in der näheren Umgebung der Profilstandorte sprechen verschiedene pollenanalytische Befunde. Doch wird die siedlungsgeschichtliche Interpretation der Zonen WI,2 und WII,2 aufgrund der in beiden Profilen fehlenden, vorangegangenen älteren neolithischen Zeitabschnitte erschwert. Anhaltspunkte bieten paläoethnobotanische und archäologische Erkenntnisse über das ältere Neolithikum, von dem in der Niederrheinischen Bucht besonders die Bandkeramik durch zahlreiche Siedlungsfunde belegt ist und verhältnismäßig gut erforscht werden konnte.

Während die bandkeramische Besiedlung und Ackerbautätigkeit von keiner der bislang am Niederrhein durchgeführten pollenanalytischen Arbeiten sicher belegt werden konnte, verfügen Archäologie und Paläoethnobotanik über zahlreiche Funde dieser Kultur. So wurde z.B. eine bandkeramische Siedlung in Wickrathberg im Bereich der Kirche und eine weitere einige Kilometer südlich von Wickrathberg bei Wanlo lokalisiert.

In der Mitte des 5. Jahrtausends v.Chr. breiteten sich die Bandkeramiker als älteste mitteleuropäische bäuerliche Kulturgruppe auf den Lößflächen Mitteleuropas aus. Nach pollenanalytischen Untersuchungen von KALIS (1981) waren die Lößflächen der Niederrheinischen Bucht zu dieser Zeit mit reinen Lindenwäldern bedeckt, und in den Talbereichen hatten sich Ulmen und Eichen ausgebreitet. Die reinen Lindenwälder, die nach KALIS (1981) "für die autochthone mesolithische Bevölkerung absolut wertlos waren", begünstigten eine rasche Besiedlung der niederrheinischen Lößflächen durch die ersten neolithischen Bauern.

Die Siedlungs- und Ackerbautätigkeit der Bandkeramiker werden von den Pollenspektren des späten Atlantikums kaum oder gar nicht widergespiegelt. Die geringen NBP-Anteile (3-10%) in der westlichen Niederrheinischen Bucht deuten lediglich das Vorhandensein kleiner waldfreier Flächen an. Ähnliche pollenanalytische Ergebnisse liegen von BURRICHTER (1976) für die Westfälische Bucht und von NIETSCH (1940a) für die Kölner Bucht vor. NIETSCH sieht in den geringen NBP-Anteilen ein Anzeichen dafür, daß offene Feld- und Grünlandflächen zwar durchaus vorhanden waren, ihre Bedeutung gegenüber den Waldflächen jedoch verhältnismäßig gering war. Nach NIETSCH spricht dies für einen hohen wirtschaftlichen Wert der Eichenmischwälder, die für Weide- und Mastnutzung

günstig waren.
Diesen Überlegungen zufolge, scheint sich eine neolithische Besiedlung einer verhältnismäßig gering bewaldeten, lichten Landschaft, wie es GRADMANN für Süddeutschland angenommen hat, für die Niederrheinische Bucht nicht zu bestätigen. Allerdings müssen diese Ergebnisse durch die Erkenntnisse der Bodenkunde über die Entstehung der Schwarzerden in den mitteleuropäischen Lößgebieten ergänzt werden. Nach ZAKOSEK (1962) erstreckte sich im nördlichen Oberrheintal die Bildungsphase der holozänen Steppenböden bis ins frühe Atlantikum, und in der westlichen Niederrheinischen Bucht begann nach SCHALICH (1981) die Degradierung der unter Steppen- und Waldvegetation im Frühholozän gebildeten Schwarzerden an der Wende Boreal/Atlantikum um 5500 v.Chr..
Eine, standörtlich und flächenhaft jedoch begrenzte, Erhaltung steppenartiger Pflanzendecken bis ins mittlere Atlantikum ist nicht ausgeschlossen, da die Degradierung der Schwarzerden nicht schlagartig und nicht überall gleichzeitig einsetzte (ZAKOSEK 1962). Insofern ist anzunehmen, daß eine Besiedlung niederrheinischer Lößflächen durch die neolithischen Ackerbauern bevorzugt dort ansetzte, wo noch Reste der mehr oder minder lichten Steppenvegetation erhalten waren und gleichzeitig der wirtschaftlich bedeutende Wald genutzt werden konnte.
Archäologische Untersuchungen über die bandkeramische Besiedlung der Aldenhovener Platte sprechen für eine lockere Streulage von Einzelhöfen oder für weilerartige Kleingruppensiedlungen, die in wasserorientierter Lage oberhalb der Bachauen, an den Rändern der Lößhochflächen in etwa 500 m Entfernung zum Wasser angelegt wurden (JÜNING 1980, S.57f; vgl. BURRICHTER 1976, S.10; DOHRN-IHMIG 1979, S. 305; WILLERDING 1980b, S.432). Die Höfe der Bandkeramiker wurden von etwa 1,2 ha großen Nutzflächen, dem sogenannten Gartenland, umgeben, und das zu bearbeitende Ackerland in der Feldflur betrug pro Familie etwa 4-5 ha jährlich (JÜNING 1980).
Emmer, Einkorn und Roggentrespe bildeten die Grundlage des Getreideanbaus, wie bandkeramische Vorratsfunde belegen (KNÖRZER 1968, S.114,116; WILLERDING 1980a,S.162), wobei KNÖRZER einen Mischkulturanbau annimmt. WILLERDING (1980b S.447) schließt von überwiegend hochwüchsigen Unkräutern in den Vorratsfunden auf eine Ährenernte des Getreides. Weiterhin sind Erbse, Linse und Lein nachgewiesen (WILLERDING 1980b, S.441). Als Ackerunkraut war am Niederrhein nach

paläoethnobotanischen Befunden der Rainkohl (*Lapsana communis*) stark verbreitet, der als Halbschattenpflanze ein Indikator für kleine, von Gebüsch und Wald umgebene Felder ist (KNÖRZER 1971). Jedoch waren nach KNÖRZER (1968, S.122) die Bodennutzungssysteme der Bandkeramiker vermutlich nicht einheitlich: "In der bandkeramischen Siedlung Köln-Lindenthal wies man eine siebenmalige Besiedlung nach, die in Abständen von 50-100 Jahren erfolgt sein soll. Bei diesem Wanderfeldbau wurde die Besiedlung vorübergehend aufgegeben, wenn der Boden erschöpft war. Einen permanenten Getreideanbau erlaubten hingegen die reichen Lößböden in der Umgebung von Jülich, wo zur Zeit bei Inden ein großes neolithisches Dorf ausgegraben wird. Die Getreideäcker waren wahrscheinlich zunächst durch Brand gerodete Flächen, die später mit dem Grabstock bearbeitet wurden."
Rinder, Schweine, Ziegen und Schafe wurden als Haustiere gehalten. Stallhaltung scheint nicht notwendig gewesen zu sein, da das günstigere Klima der Mittleren Wärmezeit ein überwintern der Tiere im Freien ermöglichte (SCHWIKKERATH 1954, S.78f; STECKHAN 1961, S.544; JÜNING 1980, S.54).
In diesem Zusammenhang soll nochmals auf den unter 6.3 erwähnten Ulmenabfall des mittleren bzw. späten Atlantikums eingegangen werden. Gegen die Erklärung von TROELS-SMITH (1955), daß der Ulmenabfall auf die Laubheufütterung zurückzuführen sei, spricht nach ISENBERG (1979, S.17ff) der in ganz Mitteleuropa mehr oder weniger synchron auftretende Ulmenpollen-Rückgang, der wahrscheinlich durch eine Veränderung des Klimas bzw. des bodeneigenen Klimas hervorgerufen wurde. Vielleicht ist der Ulmenabfall auch mit dem Ulmensterben zu vergleichen, das gegenwärtig von Großbritannien ausgeht und durch einen vom Borkenkäfer übertragenen Pilz (*Graphium ulmi*), der die Wasserleitbahnen ververstopft, verursacht wird (vgl. ISENBERG 1979, S.17).

Die Ausführungen über die bandkeramische Kultur zeigten, wie erstaunlich weit entwickelt und differenziert der frühe Ackerbau war und daß man durchaus von einer bandkeramischen Kulturlandschaft sprechen kann. Die dennoch so geringen pollenanalytischen Siedlungsbelege haben vor allem zwei Gründe:

1. In der feuchten Umgebung der in den Mooren, Auen- und Bruchablagerungen gelegenen Profilstandorte blieben die Wälder erhalten, da die Äcker auf den trockeneren, von den Profilen bis zu mehrere hundert Meter entfernten

Lößflächen angelegt wurden (s. 4.3.2).
2. Die Äcker waren noch relativ klein und von Gebüsch oder Wald umgeben.

Auf der Basis der Kenntnisse über den Ackerbau und die Kulturlandschaft der Bandkeramiker kann nun versucht werden, die jungneolithischen Profilabschnitte WI,2 und WII,2 kulturlandschaftsgeschichtlich zu interpretieren.
Die den Zeitraum von etwa 2250 bis 1970/1800 v.Chr. umfassenden Pollenspektren sind durch mehrere Merkmale gekennzeichnet, die für eine Besiedlung in der Umgebung der Standorte sprechen.
Die hohen NBP-Werte besonders in WI,2 (22-63%) lassen sich in Verbindung mit der schon verhältnismäßig starken Beteiligung siedlungsanzeigender Pflanzen nicht mehr auf natürliche offene Pflanzenbestände im subborealen Vegetationsbild zurückführen (s. Tafel I-IV). In beiden Profilen besteht eine bemerkenswerte Übereinstimmung in der Zusammensetzung der siedlungsanzeigenden Pollentypen. Es sind überwiegend Poaceae, *Artemisia*, Asteraceae, Cichoriaceae und *Plantago* vertreten, die vor allem auf durch Beweidung gelichtete Pflanzenbestände hinweisen. Die hohen NBP-Anteile lassen in Verbindung mit den hohen, einen standörtlichen Erlen-Auenwald anzeigenden *Alnus*-Anteilen des Profils WI darauf schließen, daß offene Flächen nahe des Standortes verbreitet waren. Auch in den Pollenspektren WII,2 sind Merkmale gelichteter oder offener Pflanzenbestände festzustellen. Hier sind es die weitaus niedrigeren Anteile des standörtlichen Pollens und die hohen Anteile des *Pinus*-Pollens, die zusammen mit den siedlungsanzeigenden Pollen auf das zumindest stellenweise Vorhandensein größerer gelichteter und waldfreier Bestände im Talbereich und auf den Löß- bzw. Hochflächen hinweisen. Gleiches stellte KALIS (1981) für die westliche Niederrheinische Bucht fest. Die Kiefer war seit der borealen Massenausbreitung der Hasel auf die sandigen Böden der Sandlöß- und Flugsandflächen zurückgedrängt worden. Von diesen über 10 km weit entfernten Standorten nordwestlich von Mönchengladbach konnte der Kiefernpollen nur durch Weitflug in die Auenablagerungen bei Wickrathberg gelangen. Das Ausmaß der waldfreien und besonders der beackerten Flächen darf jedoch nicht überschätzt werden, denn die Anteile des Getreidepollens sind noch verhältnismäßig gering.
Für den genannten Zeitraum weist auch KALIS (1981) in der westlichen Nieder-

rheinischen Bucht die ersten Getreidepollenfunde nach; gleiche Ergebnisse liegen von STECKHAN (1961, S.531) für den Vogelsberg und von ISENBERG (1979, S.32,39) für die Grafschaft Bentheim vor.
In WI,2 fallen die hohen Pollenanteile der Birke (bis zu 20%) und der Hasel (über 40%) auf, die als Pioniergehölze Ausdruck einer Wiederbewaldung ehemals bewirtschafteter Flächen sein können. In den Pollenspektren der Abschnitte WI,2 und WII,2 gibt es aber keine Anzeichen dafür, daß die Umgebung Wickrathbergs nach mehreren Jahren oder Jahrzehnten der Bewirtschaftung verlassen wurde bzw. die Wirtschaftsflächen verlegt wurden. Die Pollendaten sprechen vielmehr für eine permanente Feld/Waldwechselwirtschaft, bei der die mit Birken und Hasel neu bewaldeten, ehemals beackerten Flächen nach einigen Jahren erneut gerodet und mit Getreide bestellt wurden. Die neubewaldeten Flächen dienten vermutlich der Waldweide, wodurch lichtliebende Gehölze wie Birke und Hasel zusätzlich gefördert wurden. Insofern kann das subboreale Haselmaximum (C_4) nicht nur klimatisch, sondern auch anthropogen bedingt sein (vgl. TROELS-SMITH 1955).

Die Kulturlandschaft des jüngeren Neolithikums läßt sich für den Raum Wickrathberg zusammenfassend folgendermaßen beschreiben:
Die Eichenmischwälder der Hochflächen wurden von nicht allzu großen waldfreien Flächen durchsetzt, die mit Getreide und anderen Kulturpflanzen (Erbse, Linse, Lein) mehrere Jahre bestellt wurden. Im mehrjährigem Turnus erfolgte ein Wechsel zwischen ackerbaulicher Bewirtschaftung und Wiederbewaldung der einzelnen Flächen. Stellenweise waren auch im Talbereich lichte Standorte entstanden. Vermutlich wurden trockenere Talbereiche in die Beweidung und extensive Holznutzung einbezogen, um die Felder und Wälder der Hochflächen zumindest zeitweise vor Viehtritt, Viehverbiß und zu starker Bewirtschaftung zu schützen.
Schließlich sei noch auf die Diskrepanz zwischen den pollenanalytisch recht eindeutigen Belegen für eine spätneolithische Besiedlung im Raum Wickrathberg und den vergleichsweise geringen archäologischen Funden hingewiesen.

7.3 Bronzezeit

Die Bronzezeit (um 1800-800 v.Chr.), die nach den FIRBASschen vegetationsgeschichtlichen Zonen das mittlere und späte Subboreal umfaßt, ist von keinem der Profile aus Wickrathberg erfaßt worden.
Da am Niederrhein, so auch in der Umgebung von Wickrathberg, aus der Bronzezeit fast keine archäologischen Funde (HINZ 1961, S.29) und nur wenige pollenanalytische Befunde vorliegen, lassen sich Aussagen über die bronzezeitliche Siedlungsgeschichte und Kulturlandschaftsentwicklung nur schwer machen.

NIETSCH (1940a, S.361) stellte durch pollenanalytische Untersuchungen im Merheimer Bruch in der Nähe von Köln fest, daß sich die bronzezeitliche Kultur im Pollendiagramm kaum niederschlägt. Dies führt er auf den wirtschaftlich hohen Wert der Wälder zurück, der ein Anlegen größerer waldfreier Flächen bislang nicht erfordert hatte.
Dagegen war die Landschaft der westlichen Niederrheinischen Bucht nach KALIS (1981) in der frühen Bronzezeit sehr stark entwaldet, wobei Grünlandgesellschaften den größten Anteil an den waldfreien Flächen hatten und als Anzeichen einer starken Beweidung zu verstehen sind (vgl. JANSSEN 1960). Die für diese Zeit verhältnismäßig hohen Anteile des Getreidepollens weisen auf einen neben der Weidewirtschaft bedeutenden Getreideanbau in der Jülicher Börde hin. Während der spätbronzezeitlichen Urnenfelderkultur konnten sich in der westlichen Niederrheinischen Bucht die Wälder wieder etwas regenerieren; doch blieb die Landschaft waldarm. In der Zunahme des *Corylus*-Pollenanteils sieht KALIS einen Rückgang der Viehzucht oder eine Beschränkung der Beweidung auf umzäunte Weiden. KALIS vermutet, daß Holzmangel solche Maßnahmen erforderlich gemacht hatte. Pflanzliche Großrestfunde, die die pollenanalytischen Befunde über die soeben geschilderte bronzezeitliche Weidewirtschaft bestätigen, ergänzen oder widerlegen, gibt es bislang noch nicht.
Pflanzliche Großreste aus Inden in der Niederrheinischen Bucht belegen den Anbau von Emmer, Mehrzeilgerste und Rispenhirse.
Für das Westmünsterland weist BURRICHTER (1976, S.3) eine sich seit dem Jungneolithikum verstärkende Ausdehnung der Siedlungs- und Nutzflächen nach, die in der Bronzezeit und in der darauffolgenden frühen Eisenzeit einen Höhepunkt

erreichte. Auch ISENBERG (1979) stellt für die Grafschaft Bentheim einen ersten deutlichen Anstieg der Getreidekurve in der Bronzezeit fest; die Zunahme der siedlungsanzeigenden Pollentypen bleibt aber insgesamt noch sehr gering. Die bronzezeitlichen Pollenspektren am Vogelsberg sprechen für einen kurzen, aber kräftigen Siedlungsvorstoß und für eine vermutlich große Bedeutung der Weidewirtschaft. Zur gleichen Zeit war im Knüllgebiet der Ackerbau gegenüber der Weidewirtschaft bedeutender (STECKHAN 1961, S.532).

Zusammenfassend läßt sich für die Bronzezeit eine im Vergleich zum Neolithikum zunehmende Ausbreitung der Siedlungs- und Wirtschaftsflächen feststellen, die sich in höheren NBP- und Getreidepollen-Anteilen widerspiegelt. Die waldfreien Flächen standen unter Weide- und Ackernutzung; die Wälder dienten der extensiven Weide- und Holznutzung.

7.4 Eisenzeit

Die Eisenzeit (um 800-50 v.Chr.) ist von den Profilen WI und WII ebenfalls nicht erfaßt worden.
Archäologische Funde einer eisenzeitlichen Siedlungsgrube nahe Wickrathberg (LöHR 1978) und hallstattzeitliche (ältere Eisenzeit um 750-500 v.Chr.) Funde im Mönchengladbacher Stadtteil Hardt (CLASEN 1966) belegen eine Besiedlung des Untersuchungsraumes zu dieser Zeit.
Zur eisenzeitlichen Landwirtschaft liegt bislang verhältnismäßig wenig Fundmaterial vor. Pflanzenfunde aus Frixheim-Anstel im Kreis Grevenbroich sprechen nach KNöRZER (1974, S.412) für einen Anbau vor allem von Weizen (Emmer), Gerste (Mehrzeilgerste) und Hirse. KNöRZER konnte nachweisen, daß neben der Rispen- und Kolbenhirse auch Hühnerhirse kultiviert wurde, und daß die drei Hirsearten wahrscheinlich in Mischkulturen angebaut wurden. Zur Fettversorgung der Bevölkerung wurde in der jüngeren, vorrömischen Eisenzeit am Niederrhein Saat-Leindotter kultiviert (KNöRZER 1974, S.412,1978). Nach WILLERDING (1979, S.322) sprechen eisenzeitliche Unkrautbefunde für einen Sommeranbau und für einen relativ lückigen Stand des Getreides. In den relativ häufigen Funden von Spelt oder Dinkel (*Triticum spelta*) sieht er Anzeichen eines

Wintergetreideanbaus. Die zahlreichen Funde niedrigwüchsiger Unkräuter in den Vorratsfunden sind auf eine vermutlich in der Eisenzeit eingeführte bodennahe Erntemethode zurückzuführen (WILLERDING 1980a, S.184). Funde von nährstoffarmut- und säureanzeigenden Unkräutern unterstützen diese Annahme, da die Böden bei diesem Ernteverfahren bei mangelnder Düngung an Nährstoffen verarmen (KNöRZER 1974, S.413).
Nach paläoethnobotanischen Befunden haben sich die Grünlandflächen auf Standorten der frischen und feuchten Wälder ausgebreitet, wo möglicherweise die ersten Feuchtwiesen entstanden sind. Auf Hangflächen gab es vielleicht trokkene und lückige Weiderasen. Eine Bewirtschaftung von Dauerwiesen ist aber noch nicht belegt (KNöRZER 1975, S.208).

In der frühen Eisenzeit setzte sich nach pollenanalytischen Daten in der westlichen Niederrheinischen Bucht die in der späten Bronzezeit begonnene und von der Massenausbreitung der Buche begleitete Regeneration der Wälder verstärkt fort (KALIS 1981). Auf den Lößflächen breiteten sich nahezu reine Buchenbestände aus. Ulme und Linde hatten kaum noch Anteil am Aufbau der Wälder, und die Eichen wurden in die feuchten Talbereiche gedrängt. KALIS vermutet als Ursache dieser durchgreifenden Waldregeneration eine Bevölkerungsabnahme in der frühen Eisenzeit. Waldfreie unter Bewirtschaftung stehende Flächen waren aber weiterhin vorhanden.
In übereinstimmung mit diesen Ergebnissen spiegeln auch pollenanalytische Befunde aus dem südlichen Emsland nach ISENBERG (1979, S.36ff) einen früheisenzeitlichen Siedlungsrückgang wider. Das westliche Münsterland verzeichnet dagegen in der älteren Eisenzeit einen Höhepunkt in der Ausdehnung der Siedlungs- und Nutzflächen, und es kam hier erst in der jüngeren Eisenzeit zu einem Siedlungsrückgang (BURRICHTER 1976, S.3). Demgegenüber breiteten sich, wie aus einer Zunahme der NBP-Anteile zu entnehmen ist, in der Jülicher Börde aber gerade in der späten Eisenzeit die waldfreien Gebiete vor allem zu Gunsten des Ackerbaus wieder aus, und KALIS (1981) stellt darüber hinaus eine Zunahme der Eichenwälder auf Kosten der Buchenwälder fest, die auf menschliche Eingriffe zurückzuführen ist. Parallel hierzu verläuft die Entwicklung in der Grafschaft Bentheim (ISENBERG 1979, S.36ff), und auch PAAS und TEUNISSEN (1979, S.379) weisen für die Düffel, ein Poldergebiet zwischen Kleve und Nim-

wegen, eine hohe späteisenzeitliche Siedlungsaktivität nach.

Für den Niederrhein ergeben sich auf der Basis pollenanalytischer, paläoethnobotanischer und archäologischer Befunde für die Eisenzeit im wesentlichen folgende siedlungsgeschichtlichen und -genetischen Merkmale:
Nach einer rückläufigen Siedlungsintensität in der frühen Eisenzeit, bei der sich *Fagus* auf den Hochflächen stark ausbreiten konnte, dehnten sich in der späten Eisenzeit die Siedlungs- und Nutzflächen erneut aus. Kultiviert wurden vor allem Getreide (Weizen, Gerste, Hirse) und Saat-Leindotter. Im Bereich feuchter und frischer Wälder entstanden die ersten Feuchtwiesen und auf Hangflächen vielleicht Weiderasen.

7.5 Römerzeit, Völkerwanderung und fränkische Landnahme

Römische Kaiserzeit, Völkerwanderung und fränkische Landnahme werden in diesem Kapitel zusammen dargestellt, da sich diese siedlungsgeschichtlichen Phasen in den Profilen WI und WII nicht exakt voneinander trennen lassen.
Von der am linken Niederrhein etwa von 50 v.Chr. bis 450 n.Chr. dauernden Römerherrschaft ist mit den untersten Pollenspektren der Zonen WI,3 und WII,3 nur die vom Untergang gezeichnete Endphase der römischen Herrschaft erfaßt worden. Denn der auf diese Pollenspektren in beiden Pollendiagrammen folgende deutliche Anstieg der Faguskurve mit der sich anschließenden Zunahme der kultur- und siedlungsanzeigenden Pollentypen ist charakteristisch für Pollenspektren der Völkerwanderungszeit. Außerdem schließen die ersten Pollenfunde von *Juglans* in WI,3 eine Parallelisierung mit vorrömischen Pollenspektren aus.
Bevor auf die späte Römerzeit eingegangen wird, erfolgt zunächst ein kurzer überblick über die römerzeitliche Siedlungsgeschichte am Niederrhein.

In der Niederrheinischen Bucht ist nach den Ergebnissen von KALIS (1981) dieser Zeitraum durch eine allmähliche, kontinuierliche Abnahme der NBP-Anteile gekennzeichnet. Entsprechend entgegengesetzt verläuft die Buchenkurve, die auf eine Regeneration der Wälder zurückzuführen ist. Ein frührömerzeitliches

Maximum der Siedlungsaktivität spiegelt das Pollendiagramm bei Wyler in der Düffel wider (PAAS, & TEUNISSEN 1978, S.379), und pollenanalytische Ergebnisse aus dem Westmünsterland sprechen für eine Ausdehnung der Nutzflächen während der gesamten römischen Kaiserzeit (BURRICHTER 1976, S.3f). Diese Aufbauperiode, wie sie BURRICHTER nennt, endete erst mit der Depressionsphase der Völkerwanderungszeit, wie auch pollenanalytische Befunde aus dem südlichen Emsland belegen (ISENBERG 1979, S.39).
Aufgrund der regional mehr oder weniger stark voneinander abweichenden pollenanalytischen Ergebnisse ist es anhand dieser Befunde nur schwer möglich, Aussagen über die Siedlungsentwicklung im Untersuchungsraum zu machen. Umfassendere Ergebnisse liegen allerdings von der Archäologie und der Paläoethnobotanik vor.
Aus dem Raum Wickrathberg liegen einige römerzeitliche Funde vor, z.B. eine villa rustica und Trümmer eines römischen Gebäudes in Wickrathberg sowie römische Dachziegelfunde in Wetschewell (Löhr 1978). Zahlreiche Fundplätze befinden sich entlang mehrerer Römerstraßen, die nahe Wickrathberg verliefen (HUSMANN, & TRIPPEL 1909, S.12f). Die oben erwähnte villa rustica ist einer der vielen Gutshöfe der römischen ländlichen Besiedlung, die besonders zahlreich auf den Lößflächen der Niederrheinischen Bucht verbreitet waren. Die Größe dieser Güter schwankte zwischen 300 und 400 Morgen, einzelne besaßen sogar bis zu 4000 Morgen Land (HINZ 1961, S.30ff).
Es wurden aber nicht nur die fruchtbaren Lößböden mit Getreide (Emmer, Spelt, Gerste und z.T. Roggen), Hirse, Gemüse (Möhren, Rüben, Kohl und Hülsenfrüchte), Lein, Mohn und Leindotter bestellt (WILLERDING 1980a, S.132ff; KNÖRZER 1981, S.157), sondern auch die schwereren und die leichteren Böden. Der um Christi Geburt entwickelte Vierkantpflug mit Streichbrett ermöglichte die Bewirtschaftung der schwereren Böden (WILLERDING 1980a, S.172), und mit der am Niederrhein vermutlich um 300 n.Chr. einsetztenden Erddüngung (Plaggendüngung) konnte auch auf den sandigeren Böden Ackerbau betrieben werden (STEEGER 1939, S.224ff). Es ist jedoch nichts darüber bekannt, ob am Niederrhein die Plaggendüngung eine Intensivierung des Ackerbaus, etwa vergleichbar mit der Einfelderwirtschaft des ewigen Roggenanbaus in Nordwestdeutschland, ermöglichen sollte.
Römerzeitliche Unkrautbelege sprechen nach KNÖRZER (1975, S.209,1981, S.157)

sogar für eine Düngung der intensiv genutzten Weiden auf den nährstoffreichen Lehmböden der Niederungsbereiche. Für das Vorhandensein von Mähwiesen im römischen Rheinland gibt es bislang keine Belege, aber KNÖRZER vermutet, daß die Weiden nach kurzem Fernhalten des Viehs einmal im Jahr zur Heugewinnung geschnitten wurden.

Die Kulturlandschaft der römischen Rheinlande läßt sich zusammenfassend folgendermaßen beschreiben:
Vor allem auf den Lößflächen hatten sich zahlreiche Gutshöfe und Bauerngüter, die villae rusticae, als Einzelhöfe, Weiler oder Dörfer ausgebreitet. Der Akkerbau beschränkte sich nicht nur auf die fruchtbaren Lößböden, sondern er dehnte sich auch auf schwerere und leichtere Böden aus. Die feuchteren Standorte standen unter Weidenutzung.
Von den Stützpunkten des römisch besetzten Rheinlandes, den Legionslagern und Städten, ausgehend durchzog ein verhältnismäßig dichtes Netz von Heerstraßen den Niederrhein. Wahrscheinlich beschränkte sich eine verstärkte ländliche Siedlungs- und Landnutzungsintensität auf die nähere Umgebung der römischen Städte und Legionslager sowie entlang der Römerstraßen. Hierauf beruhen möglicherweise die oben dargelegten unterschiedlichen pollenanalytischen Ergebnisse, die vermutlich den Gegensatz zwischen den römischen und den germanischen Siedlungen und Nutzungsflächen anzeigen.

Mit den ersten Einfällen der rechtsrheinischen Franken in das römisch besetzte Rheinland begann im 3. Jh. n.Chr. der Zerfall der römischen Herrschaft (HINZ 1961, S.36). Dies war zugleich der Anfang der europäischen Völkerwanderung. Mit der Endphase der Okkupation bzw. dem Anfang der Völkerwanderung sind die ältesten Pollenspektren der Zonen WI,3 und WII,3 zu parallelisieren. Wie stark der Wickrathberger Raum in dieser Zeit entvölkert wurde, kann von den Pollenspektren nicht abgeschätzt werden, da die Sedimentschichten der Römerzeit fehlen. Die geringen Anteile des Getreidepollens (1%), die nicht höher sind als die neolithischen, deuten auf eine Aufgabe römischer Bauerngüter hin, wie auch RÜTTEN und STEEGER (1932) für das 3. Jh. annehmen. Die hohen NBP-Anteile mit über 50% sind aber in Verbindung mit den Getreidepollenanteilen und den siedlungsanzeigenden Pollen ein Anzeichen dafür, daß dieser

Raum nicht völlig entvölkert war.

In den Pollenspektren WI,3 in 185 cm und 176 cm Tiefe und WII,3 in 126 cm Tiefe erreicht *Fagus* ein relatives Maximum, das auf eine Regeneration der Wälder auf den Lößflächen in der Umgebung von Wickrathberg zurückzuführen ist; die hohen *Alnus*-Pollenanteile in WII,3 deuten möglicherweise eine Regeneration der Erlenwälder an (vgl. PAAS, & TEUNISSEN 1978, S.379f). Die verhältnismäßig hohen Anteile lichtliebender Gehölze (Hasel, Birke, Eiche und Hainbuche) sind zusammen mit den sinkenden Anteilen der NBP und des Pollens von *Pinus* Anzeichen einer Wiederbewaldung offener Flächen. Die für völkerwanderungszeitliche Verhältnisse aber immer noch recht hohen NBP-Werte mit einem breiten Spektrum kultur- und siedlungsanzeigender Pollen (Getreide, *Centaurea cyanus, Rumex*, Asteraceae, Chenopodiaceae, Brassicaceae, Caryophyllaceae u.a.) belegen zumindest für die nähere Umgebung der Profilstandorte das Vorhandensein bewirtschafteter Felder. Hierfür sprechen vor allem die in WI,3 und WII,3 noch ansteigenden Getreideanteile und der Beginn der geschlossenen *Secale*-Kurve, die als Zeichen der beginnenden fränkischen Landnahme zu werten sind. Diese für eine kontinuierliche Besiedlung sprechenden Befunde decken sich mit den frühfränkischen Gräberfunden STEEGERs (1937, S.122ff), die vermutlich der bewegten übergangszeit zwischen 450 und 520 n. Chr. entsprechen.

Legt man Aussagen über das Ackerbau-Weidewirtschaft-Verhältnis den Getreide-*Plantago lanceolata*-Index (sowohl mit als auch ohne *Secale*) zugrunde, so hat es anscheinend in unmittelbarer Nähe der Standorte WI und WII keine intensiv und regelmäßig beweideten Flächen gegeben (s. Tab.3). Andererseits weisen die hohen Gräseranteile zusammen mit den hohen Anteilen der Asteraceae und Cichoriaceae durchaus auf grünlandähnliche Bestände hin. Es ist denkbar, daß infolge der Wiederbewaldung und Waldregeneration erneut Waldweide verstärkt betrieben werden konnte bzw. betrieben worden ist und daher das Anlegen und Unterhalten von Wiesen und Intensivweiden zunächst nicht erforderlich war. Bei der Interpretation des Getreide-*Plantago lanceolata*-Index ist aber zu berücksichtigen, daß sein Aussagewert auf die nähere Umgebung der jeweiligen Profilstandorte beschränkt ist. Einen großräumigeren Aussagewert hat er nur dann, wenn in einem Untersuchungsgebiet eine ausreichende Anzahl von Pollendiagrammen und Indexberechnungen vorliegt.

Die pollenanalytischen Belege zeigen, daß sich zur Zeit der Völkerwanderung und der fränkischen Landnahme im Raum Wickrathberg die Besiedlung und Bewirtschaftung zwar ununterbrochen fortsetzten, daß aber gleichzeitig eine Wiederbewaldung ehemals offener, bewirtschafteter Flächen und eine Regeneration der Wälder auf den Lößflächen und in den Talbereichen einsetzen konnte. Daher stellt sich die Frage, wie die zu der Wiederbewaldung und Waldregeneration anscheinend in Widerspruch stehenden steigenden Pollenanteile des Cerealia- und *Secale*-Typs zu verstehen sind. Wenn sich einerseits offene Flächen wiederbewaldeten und Wälder regenerierten, sich andererseits aber der Anteil des Getreidepollens erhöhte, so kann das möglicherweise auf eine Intensivierung der Landwirtschaft hinweisen. Hierfür gibt es allerdings von anderen Forschungsdisziplinen keine Belege. Wahrscheinlicher ist, daß sich die Regeneration der Wälder, z.B. aufgrund der langsamen Regeneration der Buche, erst gegen Ende der Völkerwanderung im Pollendiagramm niederschlägt, wie es auch ISENBERG (1979, S.43,47) in der Grafschaft Bentheim registrierte.
Stärker ausgeprägt als im Raum Wickrath war nach pollenanalytischen Ergebnissen die Völkerwanderung im westlichen Münsterland (BURRICHTER 1976), und im Solling sprechen pollenanalytische Befunde für eine Siedlungslücke zwischen der Eisenzeit und der Gründung des Klosters Helthis (später Corvey genannt) um 820 n.Chr. (STECKHAN 1961). Auch aus dem Niederrhein liegen pollenanalytische Ergebnisse vor, die eine weitaus stärkere Entvölkerung und Entsiedlung während der Völkerwanderungszeit anzeigen und bei denen die fränkische Landnahme nach einem starken Rückgang der kultur- und siedlungsanzeigenden Pollentypen in einem Steilanstieg der Kurven dieser Pollentypen zum Ausdruck kommt, so z.B. in der Jülicher Börde (KALIS 1981) oder in der Umgebung von Wesel (URBAN et al. 1983).
Insgesamt ist in Übereinstimmung mit den Ergebnissen aus Wickrathberg nach GRINGMUTH-DALLMER (1972, S.72) im fränkischen Rheinland ein sich an die römische Vorbesiedlung anschließender Landesausbau mit einer Vermehrung der Siedlungseinheiten von 28 im 6. Jh. auf 67 im 7. Jh. zu verzeichnen. Zur Aufgabe bestehender Siedlungen kam es zwischen dem 5. und 7. Jh. kaum.
Den oberen Pollenspektren der Abschnitte WI,3 und WII,3 sowie den unteren der Zone WI,4a und WII,4a nach zu schließen, erfaßte dieser intensive fränkische

Landesausbau auch den Raum Wickrathberg, denn nur kurz ist die Regenerationsphase der Wälder. Sie endet mit dem Abfallen der *Fagus*-Kurve und dem gleichzeitigen Anstieg der Poaceae-, Cerealia-, *Secale-*, *Plantago lanceolata-* und *Quercus*-Kurve. Dies sind Merkmale einer durch Rodung erfolgten Erweiterung der Siedlungs- und Wirtschaftsflächen.
Diese Entwicklung erreicht in der frühmittelalterlichen Ausbauperiode ihren Höhepunkt, die in den Pollenspektren WI,4a in 144 und 134 cm Tiefe und WII,4a in 107 und 98 cm Tiefe zum Ausdruck kommt (s. 7.6).
Aus den Getreide-*Plantago*-Verhältnissen (s. Tab.3) geht hervor, daß zur Zeit der intensiven fränkischen Landnahme zumindest in der näheren Umgebung der Profilstandorte sowohl der Getreideanbau als auch die Weidenutzung (hohe Anteile des Poaceae-Pollens in Verbindung mit den nun häufigeren Funden von *Plantago lanceolata*) von Bedeutung waren. Der Roggenanbau kann sich nun endgültig durchsetzen, wie aus dem zeitgleichen Einsetzen der geschlossenen *Secale*-Kurve und der Kurve von *Centaurea cyanus* hervorgeht. Die Buchweizenkurve, die in WII,4a beginnt, belegt einen im 1. nachchristlichen Jahrtausend einsetzenden Buchweizenanbau in der Umgebung der Standorte. Eine große Bedeutung hatte er nicht, wie der geringe Anteil von 1% vermuten läßt.
In dem plötzlichen Steilabfall der Erlenkurve von 366% auf unter 50% am Übergang WII,3/WII,4a, der in dieser Ausprägung nicht allein auf klimatische Veränderungen zurückgeführt werden kann, hat sich die Ausdehnung der Grünlandflächen in den Erlenauenwaldbereich niedergeschlagen. Vermutlich wurden dort Wiesen angelegt und bewirtschaftet. Dies ist insofern wahrscheinlich, da für die Überwinterung des Viehs in Ställen, die mit der zunehmenden Klimaverschlechterung erforderlich wurde, Heu- und Strohvorräte angelegt werden mußten. Vermutlich wurde der Erlenpollenrückgang zusätzlich durch Niederwaldbewirtschaftung gefördert. Unter Niederwaldnutzung standen auch die Wälder der Hochflächen, wie aus dem BP-Spektrum mit den sinkenden *Fagus*-Pollenanteilen und den demgegenüber hohen Anteilen von *Carpinus*, *Quercus* und *Corylus* hervorgeht.

Eine intensive fränkische Inkulturnahme in der Umgebung der Profilstandorte wird allerdings durch Ergebnisse der Ortsnamenforschung in Frage gestellt.
Der Ortsname Wickrath, der urkundlich "angeblich" zum ersten Mal 1068 als

"de Wikerode" bzw. "de Wikerothe" erwähnt wird (LöHR 1978), wie auch die zahlreichen Ortsnamen mit den Silben -rath, -kirch und -hausen und das Fehlen von -heim-Namen in der Umgebung von Wickrathberg sind nach RÜTTEN und STEEGER (1932, S.278ff) charakteristisch für ein niederrheinisches Spätsiedlungsgebiet, das nach SCHULTE (1979, S.12) erst vom 10. bis 12.Jh. durch eine stärkere und planmäßige Ausbautätigkeit erschlossen wurde. Die Ortsnamenendungen -heim (oft umgewandelt zu -um, -om, -en), -hoven, -husen, -sel und -donk, die für eine frühfränkische Besiedlung sprechen (SCHULTE 1979), sind in der Umgebung von Wickrathberg kaum vertreten.
Nach RÜTTEN und STEEGER (1932) wurde die Standortwahl der fränkischen -heim-Siedlungen im wesentlichen durch geographische Faktoren bestimmt. Bevorzugt wurden die Niederterrassenränder und die Sandlößzonen der Mittel- und Hauptterrasse als Grenzzonen zwischen den sandigen und den lehmigen bzw. schluffigen Böden, wobei das Vorhandensein der hausnahen feuchten Weide mit entscheidend war. Die Siedlung lag da, wo die Wiesen bzw. Weiden an das Ackerland grenzten. Erst mit den -rode, -rath und -hausen-Siedlungen wurden in der jüngeren Ausbauperiode die schwereren Lößlehmböden erschlossen, denn im Bereich der Lößlehmböden war z.T. kein direkter Anschluß an das feuchte Weideland gegeben.
Demgegenüber stellt BöHNER (1950/51, s.26f.) auf der Basis fränkischer Gräberfeldfunde fest: "Im Gegensatz zu dem Besiedlungsbild, welches sich aus der (...) Verbreitung der niederrheinischen -heim-Namen zu ergeben schien, zeigt die Erforschung der fränkischen Gräberfelder (...), daß nicht die sandigen Böden des Flachlandes, sondern die ergiebigen Auelehm- und Lößgebiete zuerst besiedelt wurden, wobei wohl die Nähe am Strom von Bedeutung war." Diese Aussage spricht demnach für die pollenanalytischen Belege einer intensiven fränkischen Inkulturnahme des Landes in der Umgebung der Profilstandorte. Dieses Ergebnis ist insofern recht wahrscheinlich, da das 7.Jh. in eine Trockenphase fällt (WILLERDING 1977, S.369f). Es ist allerdings nicht auszuschließen, daß die Lößflächen erst mit der frühmittelalterlichen Ausbauperiode großflächig erschlossen wurden.

Die pollenanalytischen Befunde sprechen zusammenfassend für eine sich an die Römerzeit lückenlos anschließende Besiedlung in der Umgebung von Wickrathberg. Während der Völkerwanderungszeit konnten sich die Wälder nicht bis zu natürlichen oder naturnahen Beständen regenerieren; mehr oder weniger große Flächen blieben waldfrei und wurden mit Getreide bestellt. Es folgte unmittelbar, vermutlich im 6. und 7.Jh., ein intensiver fränkischer Landesausbau, der durch die Einführung des Winterroggenanbaus, durch die Anlage von Wiesen im Auenwaldbereich und durch eine Niederwaldnutzung der Erlen- und Eichen-Buchenwälder gekennzeichnet ist.

7.6 Mittelalter

Das Mittelalter ist mit den Pollenzonen WI,4a bis WI,4d und WII,4a und WII,4b erfaßt worden. Folgende siedlungsgeschichtlichen Abschnitte lassen sich in den Pollendiagrammen ausgliedern (s. Tafel V):

- frühmittelalterliche Ausbauperiode (WI,4a in 144 und 134 cm Tiefe; WII,4a in 107 und 98 cm Tiefe)
- Konsolidierungsphase (nur in WI, bis einschließlich WI,4b 104 cm)
- spätmittelalterliche Depressionsphase (WI,4c in 94 bis 66 cm; WII,4a 86 cm bis WII,4b 74 cm)
- spätmittelalterliche Aufbauperiode (nur in WI,4c 56 cm bis WI,4d 46 cm).

Die Entwicklung der fränkischen Landnahme setzt sich in der frühmittelalterlichen Ausbauperiode fort und erreicht im 9. und 10. Jh. ihren Höhepunkt.
In der Zone WII,4a steigen die NBP-Anteile weiter an und erreichen ihr absolutes Maximum. Der rodungsverbundene Landesausbau geht außerdem in beiden Profilen aus den steigenden Anteilen von *Pinus* hervor.
Die Cerealia- und *Secale*-Anteile sind sehr hoch, und auch die Buchweizenanteile sind angestiegen. Den Getreideanteilen nach zu schließen, lagen die Getreidefelder etwa 5oo m von den Profilstandorten entfernt, also auf den Lößhochflächen (s. 4.3.2). Während der Getreide-*Plantago lanceolata*-Index in Profil WI (29,5 bzw. 11,4 mit *Secale*, 22 bzw. 8 ohne *Secale*, s. Tab.3) eine gegenüber dem Getreideanbau weniger bedeutende Weidenutzung anzuzeigen scheint, sprechen die weitaus niedrigeren Indexwerte in WII,4a (5 bzw. 7,2 mit *Secale*, 1,7 bzw. 2,4 ohne *Secale*) für eine ebenso be-

deutende Weidewirtschaft. Wahrscheinlich war der Erlenauenwald in der näheren Umgebung des Standortes WII schon stärker durch Grünland ersetzt worden, wie die mittlerweile erheblich niedrigeren Erlenpollen- und hohen Gräseranteile vermuten lassen. Ebenso führt ISENBERG (1979, S.45f) den Erlenpollenrückgang mit der gleichzeitigen Zunahme der Cyperaceae und Poaceae auf das Anlegen von Grünland für die Viehweide zurück. Im Bereich der Profilstelle WI erhielt man zunächst noch die Erlenbestände, um sie als Niederwälder und in den trockeneren Bereichen auch als Waldweide gemeinschaftlich nutzen zu können. Die hohen NBP-Anteile sind somit z.T. auf die extensive Waldnutzung zurückzuführen.
Die hohen *Quercus*-Anteile, die besonders in Profil WII auffallen, sind Anzeichen einer im Zuge des fortschreitenden Landesausbaus erforderlich gewordenen geregelten Mittelwaldwirtschaft.
Die pollenanalytischen Befunde stehen in Zusammenhang mit der Gründung von Wickrathberg im 10. bzw. 11. Jh.; vermutlich zeitgleich wurden z.B. Rheindahlen, Wanlo, Beckrath und Herrath angelegt (LöHR 1978), deren Namen von dem ehemaligen Waldreichtum in diesem Raum zeugen. Der Name Wickrath wird erstmals im Jahr 971 in einem geographischen Werk (Nomina Geographica Neerlandica) als "Wickenrodero Marco" erwähnt, was nach HUSMANN und TRIPPEL (1909, S. 17/1911, S.4) Rodung im Sumpf (Wick?) oder Rodung eines Wicco bedeuten kann. Sicher belegt ist die Nennung des Ortes Wickrath für das Jahr 1068 (s. 7.5). Wickrathberg, das zur Herrschaft und späteren Reichsgrafschaft Wickrath gehört, wurde nicht viel später als Wickrath gegründet (LöHR 1978).

Im Profil WI folgen bis einschließlich 104 cm Tiefe Pollenspektren, die auf eine Konsolidierungsphase im Hochmittelalter schließen lassen.
Nachdem die Cerealia-Kurve zunächst auf 3% abgefallen ist, steigt sie unmittelbar auf 12% an und erreicht wie auch die *Secale*-Kurve (7%) ihr absolutes Maximum. Der Tiefstand der Getreideanteile fällt zusammen mit einer Lücke in der *Centaurea cyanus*-Kurve. Da aber ansonsten die siedlungs- und kulturanzeigenden Pollentypen weiterhin zahlreich vertreten sind, die NBP-Anteile insgesamt sehr hoch sind und auch die BP-Zusammensetzung keine Regeneration der Wälder erkennen läßt, wird das Abfallen der Getreidekurve keine großräumigeren Nutzungsveränderungen bzw. keine über die nähere Umgebung des Standortes hinausgehende Aufgabe der Getreide- bzw. Wirtschaftsflächen wider-

spiegeln. Die zunehmenden *Pinus*-Anteile zeigen vielmehr eine Ausbreitung oder zumindest einen Fortbestand der waldfreien Flächen an.
Die nun auch in diesem Profil abfallende Erlenkurve läßt erkennen, daß die Erlenbestände durch Niederwaldwirtschaft oder durch das Anlegen von Wiesen und Weiden zunehmend beeinflußt wurden. KNÖRZER (1975, S.211) vermutet ebenfalls eine Ausdehnung der Wiesen und Weiden auf den Erlenbruchstandorten und stellt anhand pflanzlicher Großreste eine enge Beziehung zwischen Weide und Heuschnitt fest. Durch besondere Weiderechte, die an die mittelalterliche Dreifelderwirtschaft gebunden waren, war festgelegt, daß im Frühjahr zunächst alle Wiesen beweidet wurden. Wenn nach einigen Wochen die Beweidung auf die Dauerweiden der Allmende verlegt wurde, konnten die Wiesenpflanzen emporwachsen. Im Juli wurden die Wiesen geschnitten, und im Herbst wurden sie und die Stoppelfelder zur Nachweide freigegeben. Auch wenn nach dem Getreide-Wegerich-Verhältnis (s. Tab.3) der Getreideanbau dominierte, sollte die Bedeutung der Viehhaltung nicht unterschätzt werden (s. 4.3.2). Die hohen Gräseranteile in beiden Profilen sind sicherlich überwiegend auf die Grünlandwirtschaft zurückzuführen. Zum Teil wird der Gräserpollen aus grasreichen Fluren stammen, die durch extensive Wirtschaftsweisen entstanden sind (s.4.3.2).
Insgesamt zeigen die Pollenspektren dieses Abschnittes keine wesentlichen Veränderungen der landwirtschaftlichen Nutzungsformen; es kam wohl vielmehr zu einer Festigung der im Frühmittelalter eingeführten und angelegten landwirtschaftlichen Wirtschaftsformen und -strukturen.
In diese Zeit, etwa 12./13.Jh., fällt der Ausbau der Herrschaft Wickrath durch die Gründung von Wickrathhahn und Buchholz (LÖHR 1978) und der Burganlage, die als castrum Wichinrod 1104/05 zum ersten Mal erwähnt wird.
Die zahlreichen Burgen und festen Häuser entlang der Niers waren eine Art "mittelalterliche Entwicklungsachse", durch die die wirtschaftlichen und politischen Vorteile der Niersniederung genutzt wurden. Die Burgen an den sumpfigen Ufern der Niers, die als Herrschafts- und Kirchengrenze von Bedeutung war, ließen sich gut verteidigen; zugleich konnten sie an den Furten den Handel und Verkehr kontrollieren; der Fluß lieferte für den Mühlenbetrieb, der wie die Fischwirtschaft in den Händen der Gutsherren lag, die notwendige Energie und erlaubte eine einträgliche Fischerei.

Der hochmittelalterlichen Konsolidierungsphase wurde durch die Depressionsphase des Spätmittelalters ein Ende gesetzt (s. Tafel V), in der der Niederrhein unter allgemeinen Kriegsunruhen und insbesondere unter den Kriegen und Raubzügen des Grafen von Geldern, an den Wickrath 1309 gefallen war, zu leiden hatte (RHEINEN,von 1940). Diese Zeit kommt in den Pollendiagrammen (WI in 94-66 cm Tiefe, WII in 86 und 74 cm Tiefe) im wesentlichen in den sinkenden Anteilen des Getreidepollens und den demgegenüber ansteigenden *Fagus*-Anteilen zum Ausdruck. Die in Profil WI von 30% auf unter 10% abfallenden *Pinus*-Anteile deuten auf eine Wiederbewaldung waldfreier Flächen hin. In der näheren Umgebung der Profilstellen erfolgte jedoch keine durchgreifende Regeneration der Wälder. Hierfür sprechen die trotz Zunahme weiterhin niedrigen Buchenanteile, während die Eichenanteile weiterhin über die naturnahen Pollenproduktionsverhältnisse hinaus vertreten sind (s. Tab.1 u. 2). Getreide, *Fagopyrum* und andere siedlungs- und kulturanzeigende Pflanzen erreichen, obwohl ihre Anteile mit Ausnahme des Buchweizenpollens abnehmen, noch immer hohe Pollenanteile, die darauf schließen lassen, daß die Umgebung der Profilstandorte weiterhin unter landwirtschaftlicher Nutzung stand. Vermutlich wurden die fruchtbaren Parabraunerden der Lößhochflächen weiter bewirtschaftet, während für den Ackerbau ungünstigere Standorte aufgegeben oder als Grünland genutzt wurden, wie die schwach ansteigenden Poaceaeanteile und die nun auch in Profil WI verhältnismäßig niedrigen Indexwerte des Getreide-Wegerich-Verhältnisses (s. Tab.3) vermuten lassen.

Auch wenn partielle Orts- und Flurwüstungen nicht auszuschließen sind, sprechen die dargelegten pollenanalytischen Befunde dafür, daß es im Raum Wickrathberg während der spätmittelalterlichen Agrardepression nicht zu einer Aufgabe von Ackerland bzw. Wirtschaftsland größeren Ausmaßes gekommen ist.

Weitaus ausgeprägter spiegelt sich die mittelalterliche Depressionsphase in den Pollendiagrammen der Grafschaft Bentheim wider (ISENBERG 1979, S.40,47). Pollenanalytische Untersuchungen im Knüllgebiet ergaben ähnliche Ergebnisse wie in Wickrathberg, denen allerdings eine urkundlich gut belegte Wüstungsperiode mit einem Ortsverlust von 60% gegenübersteht (STECKHAN 1961, S.539). Nach STECKHAN "lag das Moor (wahrscheinlich) zu dicht an den damaligen Wirtschaftsflächen, so daß die Pollenkurven von mehr oder weniger zufälligen Veränderungen in der allernächsten Umgebung bestimmt wurden." Zwar liegen auch in Wickrathberg die Felder nicht weit von den Profilstellen entfernt, da aber die Ergebnisse beider Profile übereinstimmen und die BP-Zusammensetzung nicht nur die lokalen Vegetationsverhältnisse widerspiegelt, sind die pollenanalytischen Ergebnisse zumindest für die Gemarkung Wickrathberg repräsentativ. Eine stärkere Konstanz der Besiedlung im Raum Wickrathberg ist außerdem aufgrund der fruchtbaren Böden anzunehmen, während im Knüllgebiet die Wüstungsvorgänge durch die ungünstigeren Umweltbedingungen gefördert wurden.

Es schließen sich in Profil WI bis einschließlich 46 cm Tiefe Pollenspektren an, in denen in dem erneuten Anstieg der Getreideanteile und der Anteile der Kultur- und Siedlungsanzeiger (z.B. *Centaurea cyanus*, Chenopodiaceae, Caryophyllaceae) die Aufbauperiode des ausgehenden Spätmittelalters zum Ausdruck kommt. Die anfangs noch zunehmenden *Fagus*-Pollenanteile und die demgegenüber abnehmenden Anteile des *Quercus*-Pollens können Anzeichen dafür sein, daß sich die Wälder in der Umgebung Wickrathbergs zunächst noch stellenweise weiter regenerieren konnten, obwohl gleichzeitig eine rodungsbedingte Ausdehnung waldfreier Flächen erfolgte. Hierfür spricht der Anstieg der *Pinus*-Kurve. Die ansteigenden Kiefernwerte können allerdings auch auf eine wüstungsbedingte Wiederbewaldung sandiger Flächen zurückgehen.
Der Getreide-*Plantago lanceolata*-Index ist schlagartig von 7,1 auf bis zu 24,8 (mit *Secale*) bzw. von 3,1 auf bis zu 15,7 (ohne *Secale*) angestiegen; diese Entwicklung ist auf eine Ausdehnung oder eine Intensivierung des Getreideanbaus in der näheren Umgebung des Profilstandortes zurückzuführen. Buchweizen erreicht mit 1% in Diagramm WI seinen Höchstwert. Ferner fällt die abfallende Erlenkurve auf, die möglicherweise mit einer Erweiterung des Grünlandes verbunden ist. Die Mittelwaldwirtschaft kommt in der starken Beteiligung des *Quercus*-Pollens zum Ausdruck.
Die Pollenspektren dieses Abschnittes deuten zwar mit den ansteigenden Kiefernanteilen möglicherweise schon neuzeitliche Verhältnisse an, doch ist eine Parallelisierung mit dem späten 15. Jh. wahrscheinlicher, da der Aufschwung der Landwirtschaft mit den geschichtlichen Ereignissen dieser Zeit übereinstimmt. Im Jahr 1482 brachte nämlich Erzherzog Maximilian von österreich Schloß und Freiheit Wickrath an sich. Der Flecken Wickrath, als Hauptort der seit 1488 reichsunmittelbaren Herrschaft Wickrath, erhielt Stadt-, Zoll- und

Marktrecht (mit zwei Jahrmärkten), woraufhin sich ein reges Leben in der Herrschaft Wickrath entwickelte (HUSMANN, & TRIPPEL 1909, S.45; LöHR 1978). Aus Urkunden über die Pachterträge der herrschaftlichen Güter geht hervor, daß im 14. und 15. Jh. vornehmlich Roggen, Hafer und Raps angebaut wurden. Die Bienenzucht dürfte aufgrund des Rapsanbaus recht bedeutend gewesen sein. Die zahlreichen Mühlen entlang der Niers sind auf den Getreide- und Rapsanbau zurückzuführen; allein in Wickrathberg gab es zwei Mühlen, eine Getreide- und eine ölmühle (HUSMANN, & TRIPPEL 1909, S.54). Der Flachsanbau, der in der Umgebung von Wickrathberg schon im Mittelalter bedeutend war ("Flachsland"), ist pollenanalytisch nicht erfaßt worden.

Zusammenfassend ist für das Mittelalter ein sich fortsetztender Landesausbau im Raum Wickrathberg festzustellen, der von der Depressionsphase im Spätmittelalter unterbrochen wird. Auch während dieser Depressionsphase zeichnet sich der Raum Wickrathberg durch Besiedlungskonstanz mit verhältnismäßig geringfügigen Wüstungen aus. Es folgt die spätmittelalterliche Aufbauphase, die allerdings im Raum Wickrathberg kaum über den hochmittelalterlichen Stand hinaus führte.
Die Landwirtschaft des Mittelalters war gekennzeichnet durch Getreide-, Raps- und Flachsanbau auf den Hochflächen; die Niederungsbereiche dienten als Almende der Viehweide und Holznutzung.

7.7 Neuzeit

In den oberen Pollenspektren der Diagramme weist die Kiefer vor allem in Profil WII (WII ab 65 cm; WI ab 39 cm) mit über 70% sehr hohe Pollenanteile auf, die allgemein für neuzeitliche Pollenspektren charakteristisch sind. In Profil WII können sie in den Pollenspektren in 65 und 55 cm Tiefe in Verbindung mit den ansteigenden Hasel- und Getreideanteilen auf erneute Rodungen hinweisen. Die *Pinus*-Zunahme ist aber nicht nur auf das Vorhandensein ausgedehnter waldfreier Flächen zurückzuführen; sie ist auch in Zusammenhang zu sehen mit den neuzeitlichen Nadelholzaufforstungen, die von der preußischen Regierung planvoll durchgeführt wurden. Das Abfallen der Kiefernkurve

(WII in 3 cm Tiefe) ist vermutlich dem Abholzen des damals standörtlichen Nadelholzbestandes zuzuschreiben, denn die ansteigenden Birken-, Hasel- und Erlenwerte deuten auf eine Wiederbewaldung eines Kahlschlages hin.
Da sich der *Pinus*-Pollenanteil in den oberen Pollenspektren vor allem auf Kosten des Eichenpollens niederschlägt, kommt die neuzeitliche Mittelwaldwirtschaft in den Pollendiagrammen kaum zum Ausdruck. Die gegenüber dem Mittelalter niedrigen Getreideanteile müssen nicht unbedingt die Folge eines Bedeutungsverlustes des Getreideanbaus sein. In ihren niedrigen Anteilen an der Wende WI,4d/WI,5 und im unteren Bereich der Zone WII,5a können sich aber durchaus die Auswirkungen des Dreißigjährigen Krieges, der Pest, unter der Wickrathberg bzw. Wickrath 1636 zu leiden hatte, und der französich-holländischen Kriege sowie der französischen Revolutionskriege widerspiegeln. Hinzukam die Klimaverschlechterung der sogenannten "kleinen Eiszeit", die die Getreideerträge stark minderte.
In der abnehmenden Anzahl der Kräuterpollentypen, die vor allem die oberste Probe des Profils WII verzeichnet, spiegelt sich vermutlich die moderne, intensive und spezialisierte Landwirtschaft des 20. Jh. wider. Für das junge Alter der obersten Pollenspektren sprechen im wesentlichen drei pollenanalytische Befunde. Erstens steigen in beiden Diagrammen in den letzten Proben die Anteile der Urticaceae schlagartig an, was auf eine verstärkte Stickstoffzufuhr schließen läßt, zweitens läuft in beiden Diagrammen in Übereinstimmung mit dem im 19. Jh. aufgegebenen Buchweizenanbau die *Fagopyrum*-Kurve aus, und drittens fällt die abnehmende Typenvielfalt der Kräuterpollen auf.
Die erstaunlich mächtige Auenablagerung im jüngsten Abschnitt ist mit der ehemals hohen Mühlenkonzentration an der Niers zu erklären, die im 15. Jh. aufgrund des schwachen Flußgefälles zum Aufstauen der Niers und damit zu einer verstärkten Verlandung und Versumpfung des Flußbettes führte (ROTTHOFF 1979, S.54ff). Hiermit hängen auch die erneut ansteigenden Anteile des Erlenpollens zusammen.
Insgesamt zeigen die neuzeitlichen Pollenspektren, daß der Raum Wickrathberg großflächig landwirtschaftlich mit Ackerbau und Viehhaltung genutzt wurde bzw. wird. Schon in der frühen Neuzeit war der Raum Wickrathberg sehr stark entwaldet; nur die feuchten und nassen Niederungsbereiche waren noch weitge-

hend bewaldet, und auf den Hochflächen gab es noch Eichen-Mittelwälder. Die neuzeitlichen Aufforstungen mit *Pinus* einerseits und der starke Entwaldungsgrad andererseits schlagen sich in den hohen Anteilen des Kiefernpollens nieder. Etwa die letzten 100 Jahre wurden von den jeweils beiden obersten Pollenspektren erfaßt, in denen sich die Aufgabe des Buchweizensanbaus, die zunehmende Intensivierung und Spezialisierung der Landwirtschaft in den abnehmenden Kräuterarten und die landwirtschaftlich bedingte Stickstoffanreicherung widerspiegeln.

8. Schlußfolgerungen

Die Auswertung der Pollendiagramme WI und WII aus Wickrathberg an der Niers anhand der in Kapitel 4 erarbeiteten Interpretationskriterien und -probleme zeigte Möglichkeiten der siedlungsgeschichtlichen und kulturlandschaftsgenetischen Interpretation pollenanalytischer Daten auf.
Durch eine relative Datierung der lokalen Pollenzonen war in Verbindung mit dem vegetationskundlichen Aussagewert der Pollenspektren eine Verknüpfung mit der Siedlungsgeschichte möglich. Bei günstiger pollenanalytischer Datenlage, also keinen oder möglichst wenigen Schichtlücken, guter Pollenerhaltung und einer hohen Anzahl gezählter Pollenkörner, können die einzelnen siedlungsgeschichtlichen und kulturlandschaftsgenetischen Abschnitte eines Raumes vom Neolithikum bis zur Gegenwart erfaßt werden. Leider ist eine lückenlose Abfolge der siedlungsgeschichtlichen Abschnitte der Ausnahmefall. Dies gilt besonders für holozäne Auenablagerungen.
Die pollenanalytische Erforschung siedlungsgeschichtlicher Abschnitte kann nicht nur archäologische und paläoethnobotanische Befunde ergänzen, sondern auch, wie am Beispiel der jungneolithischen Siedlungsbelege der Pollenanalyse gezeigt werden konnte, archäologische und paläoethnobotanische Fundlücken überbrücken. Von archäologischen und paläoethnobotanischen Fundlücken darf also nicht zwangsläufig auf Siedlungsdiskontinuität geschlossen werden. Gleiches gilt für die Pollenanalyse. Pollenanalytisch können Siedlungsdiskontinuitäten nur dann für einen Raum belegt werden, wenn angemessen viele gute

Pollenprofile ausgewertet werden, um standörtliche Einflüsse erkennen zu können. Allerdings dürfen geringe Anteile oder ein Fehlen pollenanalytischer Kultur- und Siedlungsanzeiger vor allem in prähistorischen Schichten nicht unbedingt als Siedlungslücke ausgelegt werden. So schlagen sich die Anfänge des Ackerbauerntums in Pollendiagrammen, so auch in WI und WII, kaum oder gar nicht nieder, da die Felder verhältnismäßig klein, von Gebüsch und Wald umgeben und locker bestellt waren. Dieses Ergebnis stellt die Annahme SCHLÜTERs (1952) eines Freiland/Wald-Gegensatzes in prähistorischer Zeit in Frage. Die pollenanalytischen Befunde aus Wickrathberg sprechen vielmehr für eine Verflechtung von Wald und bestellten Feldern.

Ebensowenig sprechen die pollenanalytischen Daten für eine Konstanz der Freilandflächen in der Umgebung von Wickrathberg. Die Völkerwanderungszeit und die Depressionsphase des späten Mittelalters zeichnen sich hier durch Regeneration der Wälder und Wiederbewaldung waldfreier Flächen aus. Siedlungsdiskontinuitäten liegen in Wickrathberg und Umgebung während dieser Zeiträume jedoch nicht oder kaum vor.

Weiterhin lassen sich anhand der Pollenanalyse Aussagen über Bodennutzungsformen machen. Gut zu erfassen sind Getreide- und Buchweizenanbau. Aus dem Gesamteindruck der Pollenspektren können Waldweide, extensive Holznutzung, Niederwald-, Mittelwald-, Hochwald- und Grünlandwirtschaft erfaßt werden. In Verbindung mit den Kenntnissen der geologischen und bodenkundlichen Verhältnisse können zwar die verschiedenen Landnutzungsformen räumlich zugeordnet werden, Aussagen über die räumliche Ausdehnung der einzelnen Nutzungsformen sind jedoch nur dann möglich, wenn der Untersuchungsraum mit einem dichten Netz pollenanalytischer Profile bedeckt ist. Die Getreide-*Plantago lanceolata*-Verhältnisse können Auskunft geben über den tendenziellen Bedeutungswandel des Getreideanbaus gegenüber der Weidewirtschaft in der näheren Umgebung der Profilstandorte.

Insgesamt betrachtet ist die Pollenanalyse durchaus in der Lage, in Zusammenarbeit mit anderen wissenschaftlichen Disziplinen und Forschungsmethoden Beiträge zur geographischen Kulturlandschaftforschung zu leisten. Die Pollenanalyse bietet hierbei die Möglichkeit, Auswirkungen der Siedlungstätigkeiten und -entwicklung auf die Landschaft sowie räumliche und zeitliche Abläufe der Kulturlandschaftsentwicklung zu erfassen.

9. Zusammenfassung

Bei Wickrathberg am Niederrhein wurden für pollenanalytische Untersuchungen der Siedlungsentwicklung aus holozänen Auenablagerungen der Niers zwei Bohrprofile (WI und WII) entnommen.
Um die Pollendiagramme WI und WII kulturlandschaftsgeschichtlich und -genetisch auswerten zu können, wurden zunächst die hierfür notwendigen Interpretationskriterien und -probleme erörtert.
Durch die Verknüpfung der Pollendiagramme WI und WII mit der Vegetationsgeschichte Mitteleuropas, unter besonderer Berücksichtigung der schon vorhandenen Pollendaten aus der Niederrheinischen Bucht, konnten die lokalen Pollenzonen relativ datiert werden, womit der zeitliche Bezug zur Siedlungsgeschichte hergestellt war.
Die Auswertungen der Pollendiagramme wurden durch Erkenntnisse vor allem der Archäologie und der Paläoethnobotanik ergänzt.
Mit den Pollendiagrammen WI und WII konnten das ältere Mesolithikum, das Jungneolithikum, die späte Römerzeit, die Völkerwanderungszeit, die fränkische Landnahme, das frühe Mittelalter (Ausbauperiode), das Hochmittelalter (Konsolidierungsphase), das Spätmittelalter (Depressions- und Aufbauperiode) und die Neuzeit erfaßt werden.
Die pollenanalytischen Befunde sprechen dafür, und damit bestätigen und ergänzen sie schon vorhandene Ergebnisse der Archäologie und der Paläobotanik, daß der Raum Wickrathberg ein altes, seit dem Neolithikum bewohntes Siedlungsgebiet ist, welches spätestens seit der Römerzeit kontinuierlich besiedelt wird.

Summary

In Wickrathberg (Lower Rhine District) two profiles (WI and WII) were taken from alluvial sediments in order to investigate the settlement development palynologically.

The pollen analytical reconstruction of the history and genesis of the culture landscape first needs a discussion of the criteria and problems in interpretating pollen data.
In connecting the pollen diagrams WI and WII with the vegetation history of middle Europe with particular regard to the pollen data from the south Lower Rhine District the local pollen zones were dated relatively. This gave the temporal relation to the settlement history. The evaluation of the pollen diagrams was supplemented by results obtained from archaeology and palaeoethnobotany.
The pollen diagrams WI and WII embrace the older Mesolithic, the early Neolithic, the late Roman time, the Dark Ages, the "fränkische Landnahme", the early Middle Ages (building-up period), the mid-Middle Ages (consolditating period), the late Middle Ages (depression and extension period) and the Modern Times. The palynologic data suggest that the area researched by Wickrathberg is an old settlement area, which in the neolithic time was already cultivated and which has been continually populated since the Roman Time.
These results confirm and supplement the archaeological and paleaoethnobotanical findings.

Danksagung

Meinem Lehrer, Herrn Prof. Dr. W. KULS, danke ich für die wertvollen Anregungen und klärenden Gespräche, mit denen er meine Arbeit untersützt hat.
Herr Prof. Dr. H. ZAKOSEK und Frau Dr. B. URBAN-KÜTTEL ermöglichten mir die Durchführung der methodischen Arbeiten und Untersuchungen am Institut für Bodenkunde der Universität Bonn und standen mir stets hilfreich zur Seite. Dafür möchte ich mich herzlich bedanken.
Mein Dank gilt auch Herrn Dr. S.K. ARORA vom Rheinischen Landesmuseum Bonn, der meiner Arbeit großes Interesse entgegengebracht hat.
Weiterhin möchte ich den Herausgebern der Schriftenreihe "Arbeiten zur Rheinischen Landeskunde" für die Aufnahme meiner Arbeit in diese Reihe danken.

Literaturverzeichnis

ANDERSEN, S.Th. (1973): The differential pollen productivity of trees and its significance of the interpretation of a pollen diagram from a forested region.- In: BIRKS, H.J.B., & WEST, R.G. (Hrsg.): Quarternary Plant Ecology: 109-115; Cambridge.

ARORA, S.K. (1979): Mesolithische Rohstoffversorgung im westlichen Deutschland.- Rheinische Ausgrabungen, 19: 1-49;

AVERDIECK, F.-R., & DÖBLING, H. (1959): Das Spätglazial am Niederrhein.- Fortschr.Geol.Rheinld.u.Westf., 4: 341-362;

BEUG, H.-J. (1961): Leitfaden der Pollenbestimmung für Mitteleuropa und angrenzende Gebiete.- Lieferung 1: 163S.; Stuttgart.

BOENIGK, W. (1978): Die Gliederung der altquartären Ablagerungen in der linksrheinischen Niederrheinischen Bucht.- Fortschr.Geol.Rheinld.u. Westf.,10: 135-212;

BÖHNER, K. (1950/51): Archäologische Beiträge zur Erforschung der Frankenzeit am Niederrhein.- Rhein.Vierteljahresblätter, 15/16: 19-38;

BRAUN, F.J., & QUITTZOW, H.W. (1961): Die erdgeschichtliche Entwicklung der niederrheinischen Landschaft.- Niederrhein.Jb.: 5: 11-21;

BRAUN, F.J., & THOME, K.N. (1978): Quartär.- In: Geologisches Landesamt NRW (Hrsg.): Geologie am Niederrhein: 24-28; Krefeld.

BREDDIN, H. (1955): Die Gliederung der altdiluvialen Hauptterrasse von Rhein und Maas in der Niederrheinischen Bucht.- Der Niederrhein, 22: 76-79;

BRUNNACKER, K. (1978): Der Niederrhein im Holozän.- Fortschr.Geol.Rheinld.u. Westf., 28: 399-440;

BURRICHTER, E. (1969): Das Zwillbrocker Venn, Westmünsterland, in moor- und vegetationskundlicher Sicht.- Abhdl.Landesmus.Naturkd.Münster, 31,1: 60S.;

-- (1976): Vegetationsräumliche und siedlungsgeschichtliche Beziehungen in der Westfälischen Bucht. Ein Beitrag zur Entwicklungsgeschichte der Kulturlandschaft.- Abhdl.Landesmus.Naturkd.Münster, 38,1:3-14;

CLASEN, C.-W. (1966): Mönchengladbach. Die Denkmäler des Rheinlandes; Düsseldorf.

Deutscher Planungsatlas Nordrhein-Westfalen. Böden (1971).- Veröff. der Akademie für Raumforschung und Landesplanung, 1, Lfg 1; Hannover.

Deutscher Planungsatlas Nordrhein-Westfalen. Geologie (1976).- Veröff. der Akademie für Raumforschung und Landesplanung, 1, Lfg. 8; Hannover.

DOHRN-IHMIG, M. (1979): Bandkeramik an Mittel- und Niederrhein.- Rheinische Ausgrabungen, 19: 191-362;

ELLENBERG, H. (1954): Steppenheide und Waldheide. Ein vegetationskundlicher Beitrag zur Siedlungs- und Landschaftsgeschichte.- Erdkunde, 8: 188-194;

-- (1978): Vegetation Mitteleuropas mit den Alpen in ökologischer Sicht.- 981S.; Stuttgart (2. Auflage).

ERDTMANN, G. (1934): über die Verwendung von Essigsäureanhydrid bei Pollenuntersuchungen.- Svensk bot.T., 28;

-- (1954): An introduction to pollen analysis.- Chronica botanica.- 239S.; Waltham/Mass..

-- (1969): Handbook of Palynology. An Introduction to the Study of Pollen Grains and Spores.- 239S.; Kopenhagen.

FAEGRI, K., & IVERSEN, J. (1975): Textbook of Pollen Analysis.- Kopenhagen (3. Auflage).

FIRBAS, F. (1937): Der pollenanalytische Nachweis des Getreideanbaus.- Zeitschrift für Botanik, 31: 447-478;

-- (1951): Die quartäre Vegetationsentwicklung zwischen den Alpen und der Nord- und Ostsee.- Erdkunde, 5: 6-15;

-- (1949/52): Spät- und nacheiszeitliche Waldgeschichte Mitteleuropas nördlich der Alpen.- 2 Bde; Jena.

FLOHN, H. (1978): Die Zukunft unseres Klimas: Fakten und Probleme.- Promet, Zeitschrift f. meteorologische Fortbildung, 2/3: 1-21;

-- (1979): A scenario of possible future climates - natural and man-made.- World Meteorological Organization. World Climate Conference in Genf vom 12.-23.Febr.1979: 1-24; Genf.

FRENZEL, B. (1964): Zur Pollenanalyse von Lössen. Untersuchungen der Lößprofile von Oberfellabrunn und Stillfried (Niederösterreich).- Eiszeitalter und Gegenwart, 15: 5-39;

GRADMANN, R. (1901): Das mitteleuropäische Landschaftsbild nach seiner geschichtlichen Entwicklung.- Geographische Zeitschrift, 7: 435-447;

-- (1939): Mein Beitrag zur Urlandschaftsforschung.- Zeitschrift für Erdkunde, 7: 650-657;

-- (1948): Altbesiedeltes und jungbesiedeltes Land.- Studium Generale, 1: 163-177;

-- (1950): Das Pflanzenleben der Schwäbischen Alb.- 2 Bde.; Tübingen.

GRINGMUTH-DALLMER (1972): Zur Kulturlandschaftsentwicklung in frühgeschichtlicher Zeit im germanischen Gebiet.- Z.f.Archäologie, 6: 64-90;

GROHNE, U. (1956/7): Die Bedeutung des Phasenkontrastverfahrens für die Pollenanalyse, dargelegt am Beispiel der Gramineenpollen vom Getreidetyp.- Photographie und Forschung, 7: 237-248;

HEIDE, G. (1978): Boden und Bodennutzung.- In: Geologisches Landesamt/NW (Hrsg.): Geologie am Niederrhein: 35-38; Krefeld.

HELMFRIED, S. (1962): östergötland "Västanstang". Studien über die ältere Agrarlandschaft und ihre Genese.- Geografiska Annaler, 44: 1-277;

HINZ, H. (1961): Neue Funde und Ausgrabungen am linken Niederrhein.- Niederrheinisches Jahrbuch, 5: 29-38;

HUSMANN, J., & TRIPPEL, T. (1909/11): Geschichte der ehemaligen Herrlichkeit bzw. Reichsgrafschaft und der Pfarre Wickrath.- 2 Teile; Giesenkirchen.

ISENBERG, E. (1979): Pollenanalytische Untersuchungen zur Vegetations- und Siedlungsgeschichte im Gebiet der Grafschaft Bentheim.- Abhdl.Landesmus. Naturkd.Münster, 41,2: 3-59;

IVERSEN, J. (1941): Land Occupation in Denmark's Stone Age. A Pollen-Analytical Study of the Influence of Farmer Culture of Vegetational Development.- Danm.Geol.Unders., (II), 66: 7-68;

-- (1949): The Influence of the Prehistoric Man on Vegetation.- Danm.Geol. Unders., (IV), 3,6: 25 S.;

JÄGER, H. (1954): Zur Wüstungs- und Kulturlandschaftsforschung.- Erdkunde, 8: 302-309;

-- (1963): Zur Geschichte der deutschen Kulturlandschaft.- Geographische Zeitschrift, 51: 16-43;

JANKUHN, H. (1969): Vor- und Frühgeschichte vom Neolithikum bis zur Völkerwanderungszeit. Deutsche Agrargeschichte.- Bd. 1; Stuttgart.

JANSSEN, C.R. (1960): On the Late-Glacial and Post-Glacial Vegetation of South Limburg (Netherlands).- Wentia, 4: 112S.; Amsterdam.

-- (1973): Local and regional pollen dispostions.- BIRKS, H.J.B., &

WEST,R.G. (Hrsg.): Quarternary Plant Ecology: 31-42; Cambridge.

JÜNING, J. (1980): So bauten die Zimmerleute der Steinzeit. Die Bauernkultur der Bandkeramiker.- Bild der Wissenschaft, 8: S. 45ff.;

KALIS, A.J. (1979): Papaveraceae.- Review of Palaeobotany and Palynology, 28: 209-260;

-- (1981): Spätpleistozäne und holozäne Vegetationsgeschichte in der westlichen Niederrheinischen Bucht.- 24 S.; (Manuskript).

-- (1983): Die menschliche Beeinflussung der Vegetationsverhältnisse auf der Aldenhovener Platte (Rheinland) während der vergangenen 2000 Jahre Rheinische Ausgrabungen, 1983: 331-345;

KALIS, A.J., & SCHALICH, J. (1981): Pollenanalytische und bodenkundliche Untersuchungen an einem Holozänprofil im Malefinkbachtal.- Bonner Jahrbuch 1981: 261-262, 1 Abb.; Bonn.

KLOSTERMANN, J. (1981): Das Quartär der nördlichen Niederrheinischen Bucht.- Der Niederrhein, 48,2,3 und 4: 79-85, 150-153, 212-217;

KNÖRZER , K.-H. (1968): 6000 jährige Geschichte der Getreidenahrung im Rheinland.- Decheniana, 119, 1/2: 113-124;

-- (1971): Urgeschichtliche Unkräuter im Rheinland, ein Beispiel zur Entstehung der Segetalgesellschaften.- Vegetatio, 23: 89-111;

-- (1974): Eisenzeitliche Pflanzenfunde aus Frixheim-Anstel, Kreis Grevenbroich.- Rheinische Ausgrabungen, 15: 405-414;

-- (1975): Entstehung und Entwicklung der Grünlandvegetation im Rheinland.- Decheniana, 127: 195-214;

-- (1978): Entwicklung und Ausbreitung des Leindotters (*Camelina sativa*).- Ber.dt.Botan.Ges., 91: S. 187ff.;

-- (1981): Römerzeitliche Pflanzenfunde aus Xanten.- Archaeo-Physika, 11;

KRAMM, E. (1978): Pollenanalytische Hochmooruntersuchungen zur Floren- und Siedlungsgeschichte zwischen Ems und Hase.- Abhdl.Landesmus.Naturkd. Münster, 40,4;

Der Landkreis Grevenbroich (1963).- Institut für Landeskunde (Hrsg.): Die Deutschen Landkreise; Bad Godesberg/Bonn.

LANGE, E. (1965): Zur Vegetationsgeschichte des zentralen Thüringer Beckens.- Drudea, 5,1: 3-58;

-- (1971): Botanische Beiträge zur mitteleuropäischen Sielungsgeschichte.

Ergebnisse zur Wirtschaft und Kulturlandschaft in frühgeschichtlicher Zeit.- Schriften zur Ur- und Frühgeschichte, 27: 124S.;

-- (1976): Zur Entwicklung der natürlichen und anthropogenen Vegetation in frühgeschichtlicher Zeit.- Feddes Repertorium, 87: 5-30;

-- (1980): Wald und Offenland während des Neolithikums im herzynischen Raum auf Grund pollenanalytischer Untersuchungen.- Wiss.Beitr.Martin-Luther-Univ. Halle-Wittenberg, 6;

LÖHR, W. (1978): Wickrath,- Landschaftsverband Rheinland (Hrsg.): Rheinischer Städteatlas: (Lfg. IV), 24; Bonn.

LÜDI, W. (1955): Beitrag zur Kenntnis der Vegetationsverhältnisse im Schweizer Alpenvorland während der Bronzezeit.- Monogr.Ur- u.Frühgeschichte der Schweiz, 11: 91-109;

MOORE, P.D., & WEBB, J.A. (1978): An Illustrated Guide to Pollen Analysis.- 133S.; London.

MÜLLER-WILLE, W. (1957): Die spätmittelalterliche-frühneuzeitliche Kulturlandschaft und ihre Wandlungen.- Ber.z.dt.Landeskd., 19:187-200;

NIETSCH, H. (1935): Steppenheide oder Eichenwald.- Weimar.

-- (1939): Wald und Siedlung im vorgeschichtlichen Mitteleuropa.- Mannus-Bücherei, 64; Leipzig.

-- (1940a): Pollenanalytische Untersuchungen auf der Niederterrasse bei Köln.- Z.dt.geol.Ges., 92: 350-364;

-- (1940b): Waldbauerntum deutscher Vorzeit.- Petermanns Geographische Mitteilungen: 204-207;

OBERDORFER, E. (1970): Pflanzensoziologische Exkursionsflora für Süddeutschland und die angrenzenden Gebiete.- 987S.; Stuttgart.

OVERBECK, F. (1975): Botanisch-geologische Moorkunde unter besonderer Berücksichtigung der Moore Nordwestdeutschlands als Quellen zur Vegetations-, Klima- und Siedlungsgeschichte.- 719S.; Neumünster.

PAAS, W. (1971): Bodenkarte von Nordrhein-Westfalen 1 : 50 000, Blatt 4904 Mönchengladbach.- Hrsg. Geologisches Landesamt/NW; Krefeld.

-- (1977): Bodenkundliche Landesaufnahme im Niederrheinischen Tiefland.- Der Niederrhein, 44, 1,2 und 3: 1-6, 50-55, 100-104;

PAAS, W., & TEUNISSEN, D. (1978): Die geologische Geschichte der Düffel, eine linksniederrheinische Flußaue zwischen Kleve und Nimwegen.- Fortschr.

Geol.Rheinld.u.Westf., 28, 361-398;

PETERS, I. (1966): Verlandete Altwässer auf der Niederterrasse bei Köln. Die Entstehung des Linder Bruches aufgrund einer Pollen- und Großrestanalyse.- Eiszeitalter und Gegenwart, 17: 139-148;

POHL, F. (1937): Die Pollenerzeugung der Windblütler.- Beih.bot.Cbl., (A),56: 365-470;

REHAGEN, H.W. (1963): Spät- und nacheiszeitliche Vegetationsbilder aus dem Niederrheingebiet.- Niederrheinisches Jahrbuch, 6: 31-46;

-- (1964): Zur spät- und postglazialen Vegetationsgeschichte des Niederrheingebietes und Westmünsterlandes.- Fortschr.Geol.Rheinld.u.Westf., 12: 55-78;

-- (1967): Neue Beiträge zur Vegetationsgeschichte des Spät- und Postglazials am Niederrhein.- In: TÜXEN, R. (Hrsg.): Pflanzensoziologie und Palynologie: 78-86; Den Haag.

RHEINEN, W. (1940): Die Geschichte der evangelischen Gemeinde Wickrathberg.- Essen.

ROTTHOFF, G. (1979): Niersordnung.- In: 2000 Jahre Niers. Schriften und Bilddokumente; Katalog z. Ausstellung des Stadtarchivs Mönchengladbach u.d. Arb.kreises niederrh. Kommunalarchive: 54-59;

RÜTTEN, F.,& STEEGER, A. (1932): Studien zur Siedlungsgeschichte des Niederrheinischen Tieflandes I und II.- Rhein.Vierteljahresbl., 2: 278-302;

SCHALICH, J. (1981): Boden- und Landschaftsgeschichte in der westlichen Niederrheinischen Bucht.- Fortschr.Geol.Rheinld.Westf., 29: 505-518;

-- (1983): Boden- und Landschaftsgeschichte des Bandkeramischen Gräberfeldes in Niedermerz.- Archäologie in den Rheinischen Lößbörden, 24: 48-53;

SCHARLAU, K. (1941): Siedlung und Landschaft im Knüllgebiet.- Forsch.dt. Landeskd., 37;

-- (1954): Die Bedeutung der Pollenanalyse für das Freiland-Wald-Problem unter besonderer Berücksichtigung der Altlandschaften im Hessischen Bergland.- Ber.dt.Landeskd., 13: 10-32;

SCHLÜTER, O. (1952/53/58): Die Siedlungsräume Mitteleuropas in frühgeschichtlicher Zeit.- Forsch.dt.Landeskd., 63/74/110;

SCHMITHÜSEN, J. (1934): Der Niederwald des linksrheinischen Schiefergebirges, ein Beitrag zur Geographie der rheinischen Kulturlandschaft.- Beitr. zur

Landeskunde der Rheinlande, 4;

-- (1968): Allgemeine Vegetationsgeographie.- In: OBST, E. (Hrsg.): Lehrbuch der Allgemeinen Geographie; Berlin (3. Aufl.).

SCHULTE, P.-G. (1979): Siedlungsgeschichte.- In: 2000 Jahre Niers. Schrift und Bilddokumente; Katalog zur Ausstellung des Stadtarchivs Mönchengladbach u.d. Arb.kreises niederrh. Kommunalarchive: 11-17;

SCHÜTRUMPF, R. (1971): Neue Profile von Köln-Merheim. Ein Beitrag zur Waldgeschichte der Kölner Bucht.- Kölner Jahrb.Vor- und Frühgesch., 12: 7-20;

-- (1972/73): Weitere Profile von Köln-Merheim. Ein Beitrag zur Waldgeschichte der Kölner Bucht.- Kölner Jahrb.Vor- und Frühgesch., 13: 23-25;

SCHWICKERATH, M. (1954): Die Landschaft und ihre Wandlung auf geobotanischer und geographischer Grundlage, entwickelt und erläutert im Bereich des Meßtischblattes Stolberg.- 118S.; Aachen.

STECKHAN, H.-U. (1961): Pollenanalytisch-vegetationsgeschichtliche Untersuchungen zur frühen Siedlungsgeschichte im Vogelsberg, Knüll und Solling.- Flora, (B), 150: 514-551;

STEEGER, A. (1935): Ein germanischer Wohnplatz bei Vorst im Kreise Kempen-Krefeld.- Heimat, 14, 172-174;

-- (1937): Neue fränkische Gräber des 5.-8. Jahrhunderts am linken Niederrhein.- Nachrichtenblatt für dt. Vorzeit, 13: 122-128;

-- (1939): Auf den Spuren frühgeschichtlichen Ackerbaus in Gellep.- Die Heimat, 18: 224-228;

STRAKA, H. (1952): Zur spätquartären Vegetationsgeschichte der Vulkaneifel.- Arbeiten zur Rheinischen Landeskunde, 1: 116S;.

-- (1956): Pollenanalyse und Vorgeschichte.- Natur und Volk, 86,9: 301-310;

-- (1965): über die Bedeutung der NBP-Analyse für floren- und vegetationsgeschichtliche Untersuchungen.- Ber.dt.bot.Ges., 78: 380-395;

-- (1975a): Sporen- und Pollenkunde.- 138S.; Stuttgart.

-- (1975b): Die spätquartäre Vegetationsgeschichte der Vulkaneifel.- Ber. zur Landschaftspflege in Rheinland-Pfalz, 3 (Beih.);

TIMMERMANN, O.F. (1961): Die Bedeutung der Wildbeute für die Entwicklungsstadien der agraren Landnutzung und Parzellierung des Landes in Mitteleuropa.- Geografiska Annaler, 43, 1-2: 277-284;

TRAUTMANN, W. (1972): Deutscher Planungsatlas Nordrhein-Westfalen. Vegetation

- Potentielle natürliche Vegetation, Karte 1 : 500 000 und Erläuterungen.- Veröff.d.Akademie f.Raumforsch. u. Landespl., 1, Lfg.3; Hannover.

TRAUTMANN, W. et al. (1973): Vegetationskarte der Bundesrepublik Deutschland 1 : 200 000. Potentielle natürliche Vegetation, Blatt CC 5502 Köln mit Erläuterungen.- Schriftenreihe f. Vegetationskunde, 6;

TROELS-SMITH, J. (1955): Pollenanalytische Untersuchungen zu einigen schweizerischen Pfahlbautenproblemen.- Monogr. Ur- u.Frühgesch. der Schweiz, 11: 64S;

TÜXEN, R. (1956): Die heutige potentielle natürliche Vegetation als Gegenstand der Vegetationskartierung, 13: 5-42;

URBAN, B. (1978): Vegetationsgeschichtliche Untersuchungen zur Gliederung des Altquartärs der Niederrheinischen Bucht.- Sonderveröff.Geol.Inst.Univ. Köln, 34: 165S.;

URBAN, B., & SCHRöDER, D., & LEßMANN, U. (1983): Holozäne Umweltveränderungen am Niederrhein. Vegetationsgeschichte und Bodenentwicklung.- Arbeiten zur Rheinischen Landeskunde, 51: 99-123;

WALTER, H., & STRAKA, H. (1970): Arealkunde. Einführung in die Phytologie III/2; Stuttgart (2. Aufl.);

WELINDER, S. (1975): Prehistoric agriculture in Eastern Middle Sweden.- Acta Archaelogica Lundensis, 8,4;

WILLERDING, U. (1969): Ursprung und Entwicklung der Kulturpflanzen in vor- und frühgeschichtlicher Zeit.- JANKUHN, H.: Deutsche Agrargeschichte.- Bd. 1: 188-233; Stuttgart.

-- (1977): über Klima-Entwicklung und Vegetationsverhältnisse im Zeitraum Eisenzeit bis Mittelalter.- Abh. der Akademie der Wissenschaften in Göttingen, Philologisch-Historische Klasse, (3),101: 357-405;

-- (1979): Zum Ackerbau in der jüngeren vorrömischen Eisenzeit.- Archaeo-Physika, 8: 310-330;

-- (1980a): Anbaufrüchte der Eisenzeit und des frühen Mittelalters, ihre Anbauformen, Standortverhältnisse und Erntemethoden.- Abh. der Akademie der Wiss. in Göttingen, Philologisch-Historische Kl., (3),116: 126-196;

-- (1980b): Zum Ackerbau der Bandkeramiker.- Materialhefte zur Ur- und Frühgeschichte Niedersachsens, 16: 421-456;

-- (1981): Ur- und frühgeschichtliche sowie mittelalterliche Unkrautfunde in Mitteleuropa.- Zeitschr. für Pflanzenkranheiten und Pflanzenschutz, Sonderh. 9: 65-74;

ZAKOSEK, H. (1962): Zur Genese und Gliederung der Steppenböden im nördlichen Oberrheintal.- Abh.Hess.Landesamt Bodenforschung, 37: 46S.;

ZUGRIGL, K. (1970): Pollenanalytische Untersuchungen zur Frage der natürlichen Waldgesellschaften im Raum Wenigzell, Oststeiermark.- Mitt. der ostalp.-dinar.Sektion, 10,2: 91-100;

Das Manuskript wurde im Frühjahr 1985 abgeschlossen.

Anschrift der Autorin: G. ARNOLD, Geologisches Landesamt Nordrhein-Westfalen, De-Greiff-Straße 195, D-4150 Krefeld.

Anhang

Anhang I: Tabellen

Tab. 1: Baum- und Strauchartenzusammensetzung der potentiellen natürlichen Vegetation im Raum Wickrathberg (nach Angaben von TRAUTMANN et al. (1973) theoretischer Pollenniederschlag der potentiellen natürlichen Vegetation im Bereich der Profilstellen WI und WII

	Maiglöckchen-Perlgras-Buchenwald d. N.Rh.-Bucht	Flattergras-(Traubeneichen)-Buchenwald	Frischer Eichen-Buchenwald d. Schwalm-Nette-Platten	Trockener Eichen-Buchenwald d. Flachlandes	Erlenbruchwald des Flachlandes	Traubenkirschen-Erlen-Eschenwald	Artenreicher Sternmieren-Stieleichen-Hainbuchenwald	Theoret. Pollenniederschlag d. potent. natürl. Veget. an d. Profilstandorten WI und WII
Baumarten								
Quercus robur	○	•				(○)	⊙	X X
Quercus petraea		○	○	○				
Fagus sylvatica	⬤	⬤	⬤	⬤			⊙	X X X
Carpinus betulus	○	•					⊙	X X
Tilia cordata	○							X
Betula spec.		•	•	•				X X
Populus tremula	•	•	•	•				
Acer campestre							⊙	
Acer pseudoplatanus							⊙	
Fraxinus excelsior						○	⊙	
Ulmus laevis						(○)	⊙	
Alnus glutinosa					⬤	⬤		X X X X
Betula pubescens					(○)	•		
Salix caprea	•	•	•	•				
Salix cinerea					•			
Salix aurita					•			
Salix aurita-cinerea					•			

Fortsetzung Tab.1

	Maiglöckchen-Perlgras-Buchenwald. d. N.Rh.-Bucht	Flattergras-(Traubeneichen)-Buchenwald	Frischer-Eichen-Buchenwald d. Schwalm-Nette Platten	Trockener Eichen-Buchenwald d. Flachlandes	Erlenbruchwald des Flachlandes	Traubenkirschen-Erlen-Eschenwald	Artenreicher Sternmieren-Stieleichen-Hainbuchenwald	Theoret. Pollenniederschlag d. potent. natürl. Veget. an d. Profilstandorten WI und WII
Sträucher								
Ilex aquifolium		•	•	•				
Sorbus aucuparia		•	•	•	•			
Frangula alnus		•	•	•				
Corylus avellana	•	•				•	•	X X
Crataegus spec.	•	•				•	•	
Rosa canina	•	•						
Prunus spinosa	•							
Prunus padus						•		
Prunus avium							•	
Ribes rubrum						•		
Cornus spec.						•	•	
Viburnum opulus	•					•	•	
Euonymus europaeus						•	•	

X X X X sehr hoher Pollenanteil
X X X hoher Pollenanteil
X X mäßiger Pollenanteil
X geringer Pollenanteil

● vorherrschend
○ beigemischt
⊙ Mischwald
• bodenständige Gehölze
( ) nur stellenw. vorhanden

Tab.2: Siedlungstätigkeiten und -erscheinungen in ihren wesentlichen Auswirkungen auf den Pollenniederschlag im Raum Wickrathberg

	Pollenniederschlag d. potent. natürl. Veget. im Raum Wickrathberg	extensive Waldweide	Schneiteln	Niederwaldwirtschaft	Mittelwaldwirtschaft	Rodung	Feld/Wald-Wechselwirtsch.	Wüstungsphase	Grünlandwirtschaft	Ackerbau	Wintergetreideanbau
Bäume											
Fagus sylvatica	XXX	X	XXX	o	o		o→XX	o→XX			
Quercus	XX	XXX	XXX	X→XX	XXXX		XX	XXX			
Carpinus betulus	XX	XXX	XX	XXXX	XXX		XX	XX			
Betula	XX	XX	o→X	X	XX		XXX	XX			
Corylus	XX	XX	XX	XXXX	XXX		XXX	XX			
Ulmus	X	X	o	o	o						
Kulturpflanzen											
Cerealia						o→XX	o	o		o→XXX	
Secale						o→XX		o		o→XXX	XX
Grünlandanzeiger											
Poaceae		XX		XX	X	XX			XXXX		
Plantago lanc.		X							XX		
Kultur- u. Siedlungsanzeiger											
Centaurea cyanus											X
Anzeiger f. Kahlschlag											
Chamaenerion ang.						X					
Pteridium aq.						X					
Elemente d. Zwergstrauchgesellsch.						o	o→X				
BP	XXXX	XXX						XXX	X	X	
NBP	X	XX						X	XXX	XXX	

X X X X sehr hoher Anteil am Pollenniederschlag
X X X hoher Anteil am Pollenniederschlag
X X mäßig hoher Anteil am Pollenniederschlag
X geringer Anteil am Pollenniederschlag
o sehr geringer oder gar kein Anteil am Pollenniederschlag

bis →

Tab.3: Getreide-*Plantago lanceolata*-Verhältnisse der Profile WI und WII

Profile WII			Profil WI		
Tiefe in cm	Getreide/ *P. lanc.* (mit *Secale*)	Cerealia/ *P.lanc.*	Tiefe in cm	Getreide/ *P.lanc.* (mit *Secale*)	Cerealia/ *P.lanc.*
0 - 6,9	19	16	0 - 3,75	23	17,5
12,7 - 16,1	7	5,5	3,75- 9,4	4,4	2,6
19,6 - 23	6,8	5,25	15 - 18,75	20,7	12
32,7 - 35,4	3,1	2,1	22,5 - 26,25	4,7	2,7
43,5 - 46,2	35	22,5	37,5 - 40	2,1	1,2
54,3 - 57	22	17,3	45 - 47,5	24,8	15,7
64,5 - 66,75	16,5	12,5	55 - 57,5	18	12,5
73,5 - 75,75	6,4	2,6	65,7 - 67,6	7,1	3,1
84,75- 87	2,9	1,6	75,2 - 77,1	8	4,25
96,75- 99	7,2	2,4	84,7 - 86,8	7,2	4,4
105,75-108	5	1,7	92,1 - 96,3	-	-
114,57-117	5,6	2,5	102,6 -104,7	10	6,2
125 -127,5	-	-	113,1 -115,2	14	11
132,5 -135	2,5	1,5	122,5 -125	20,5	14
142,5 -145	0,2	-	132,5 -135	11,4	8
145 -147,5	0,4	-	142,5 -145	29,5	22
			155,7 -157,6	-	-
			163,3 -165,2	40	30
			174,7 -176,6	-	-
			184,8 -186	39	32
			195,6 -196,8	-	-

Anhang II: Pollenfunde der Profile WI und WII, die nicht in die Diagramme WI und WII eingetragen wurden

Profil WI:

252 -252 cm: praequartäre Sporomorphe
248 -250 cm: ,, ,,
244 -246 cm: ,, ,,
204 -205,2 cm: ,, ,,
195,6-196,8 cm: ,, ,,
174,7-176,6 cm: *Saxifraga* 3%, *Thelypteris palustris* 3%
155,7-157,6 cm: *Mentha*-Typ 0,2%, *Thelypteris palustris* 0,2%)
142,5-145 cm: *Potentilla*-Typ 1%
132,5-135 cm: *Polygonum persicaria* 0,2%, *Potentilla*-Typ 0,2%
113,1-115,2 cm: *Polygonum persicaria* 0,3%, *Arum maculatum* 1%, *Hypericum* 2%, praequartäre Sporomorphe
92,1- 96,3 cm: *Spergula* 0,4%, *Genista*-Typ 0,4%, *Hypericum* 1%, *Scrophularia-Verbascum*-Typ 0,4%
84,7- 86,8 cm: *Convolvulus* 0,1%, *Prunella*-Typ 0,1%
75,2- 77,1 cm: cf. *Aconitum* 0,1%, *Dryopteris filix-mas* 0,1%
65,7- 67,6 cm: *Polygonum persicaria* 0,1%, cf. *Lobelia*-Typ 0,1%, *Chrysosplenium* 0,1%
55 - 57,5 cm: *Convolvulus* 0,1%
37,5- 40 cm: cf. *Lobelia*-Typ 1%, cf. *Mercurialis* 0,2%

Profil WII:

254 -256 cm: *Polypodium vulgare* 0,3%, praequartäre Sporomorphe
246 -248 cm: praequartäre Sporomorphe
234 -235,5 cm: *Saxifraga* 1%, *Chrysosplenium* 0,5%, *Typha latifolia* 0,2%, praequartäre Sporomorphe
225 -226,5 cm: *Saxifraga* 0,3%, *Chrysosplenium* 0,3%
214 -216 cm: *Typha latifolia* 0,4%, praequartäre Sporomorphe
193,5 -195,75 cm: *Typha latifolia* 0,5%
177 -180 cm: *Typha latifolia* 0,4%
174,3 -177 cm: *Teucrium* 0,5%

155,4 -158,1 cm: *Poypodium vulgare* 2%, *Dryopteris filix-mas* 0,4%
145 -147,5 cm: Saxifragaceae 0,3%
132,5 -135 cm: *Thelypteris palustris* 1%
125 -127,5 cm: *Scrophularia* 1%, *Polypodium vulgare* 0,5%
114,57-117 cm: *Convolvulus* D, *Nuphar* 0,3%, *Callitriche* 0,2%
96,75- 99 cm: *Typha latifolia* 0,1%
84,75- 87 cm: Papaveraceae 0,2%, cf. *Potentilla*-Typ 0,1%, *Dryopteris filix-mas* D
73,5 - 75,25 cm: cf. Papaveraceae 0,4%, *Typha latifolia* 0,2%
64,5 - 66,75 cm: *Hypericum* 0,2%, *Teucrium* 0,2%
54,3 - 57 cm: *Aconitum* 0,2%, *Typha latifolia* 0,3% *Polypodium vulgare* 0,3%
43,5 - 46,2 cm: *Spergula arvensis* 0,2%, cf. *Chrysosplenium* 0,2% *Nuphar* 0,2%, *Polypodium vulgare* 0,2%
32,7 - 35,4 cm: *Teucrium* 0,2%, *Typha latifolia* 0,2%
12,7 - 16,1 cm: *Polypodium vulgare* 0,3%, *Dryopteris filix-mas* D

Anhang III: Erklärung der im Text und in den Diagrammen verwendeten Abkürzungen

BP: Baumpollen
Ca.; Cal.-T.: *Caltha*-Typ
cf.: confer; vergleiche
Cham. ang.; Cham. angust.: *Chamaenerion angustifolium*
C.j.; C.ja.: *Centaurea jacea*
Cupr.; Cupres.: Cupressaceae
D: Durchsicht
EMW: Eichenmischwald
Eric.: Ericaceae
Ges.; Gesell.: Gesellschaft
Indet.: Indeterminate
MA: Mittelalter
Myrioph.: *Myriophyllum*

Myrioph. verticil.: *Myriophyllum verticillatum*

NBP: Nichtbaumpollen

Nup.: *Nuphar*

On.-T.: *Onobrychis*-Typ

Osm.: *Osmunda*

Pin.: *Pinus*

Plantago lanc.: *Plantago lanceolata*

Plantago ma./me.-T.: *Plantago major/media*-Typ

P: Pollen

Polygonum convol.-T.: *Polygonum convolvulus*-Typ

Pt. aq.: *Pteridium aquilinum*

R.: *Rumex*

RKZ: Römische Kaiserzeit

Samb. n.; Sambuc. n.: *Sambucus nigra*

Samb. rac.; Sambuc. rac.: *Sambucus racemosa*

S.m.: *Sanguisorba minor*

Sanguisorba off.: *Sanguisorba officinalis*

S.d.: *Solanum dulcamara*

Sparg.: *Sparganium*

S.: Sporen

T.: Typ

Th.: *Thalictrum*

Urtic.: Urticaceae

Vacc.: *Vaccinium*

Val.:*Valeriana*

VK: Völkerwanderungszeit

Z.: Zone

Tafel I: Pollendiagramm WI

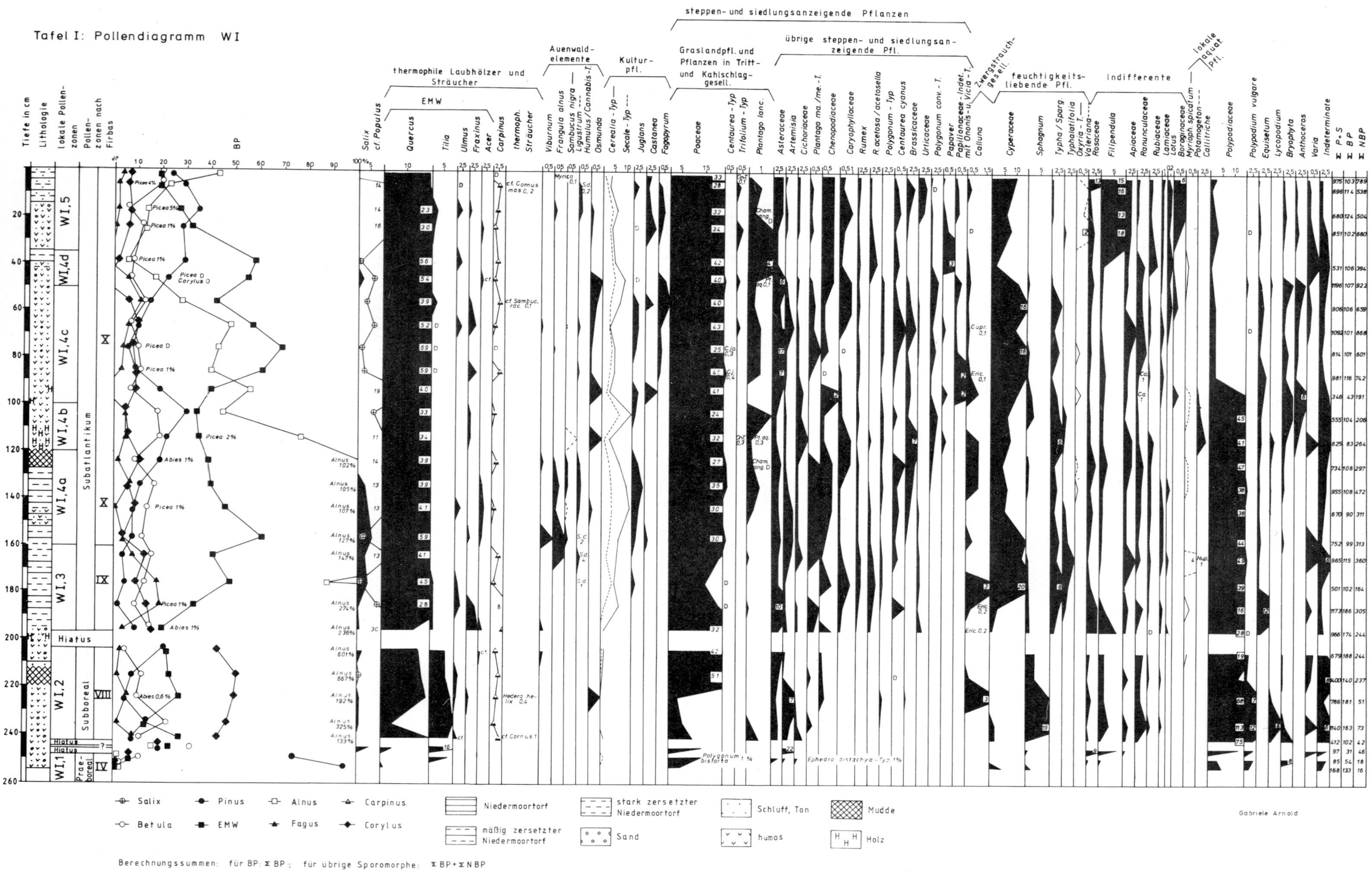

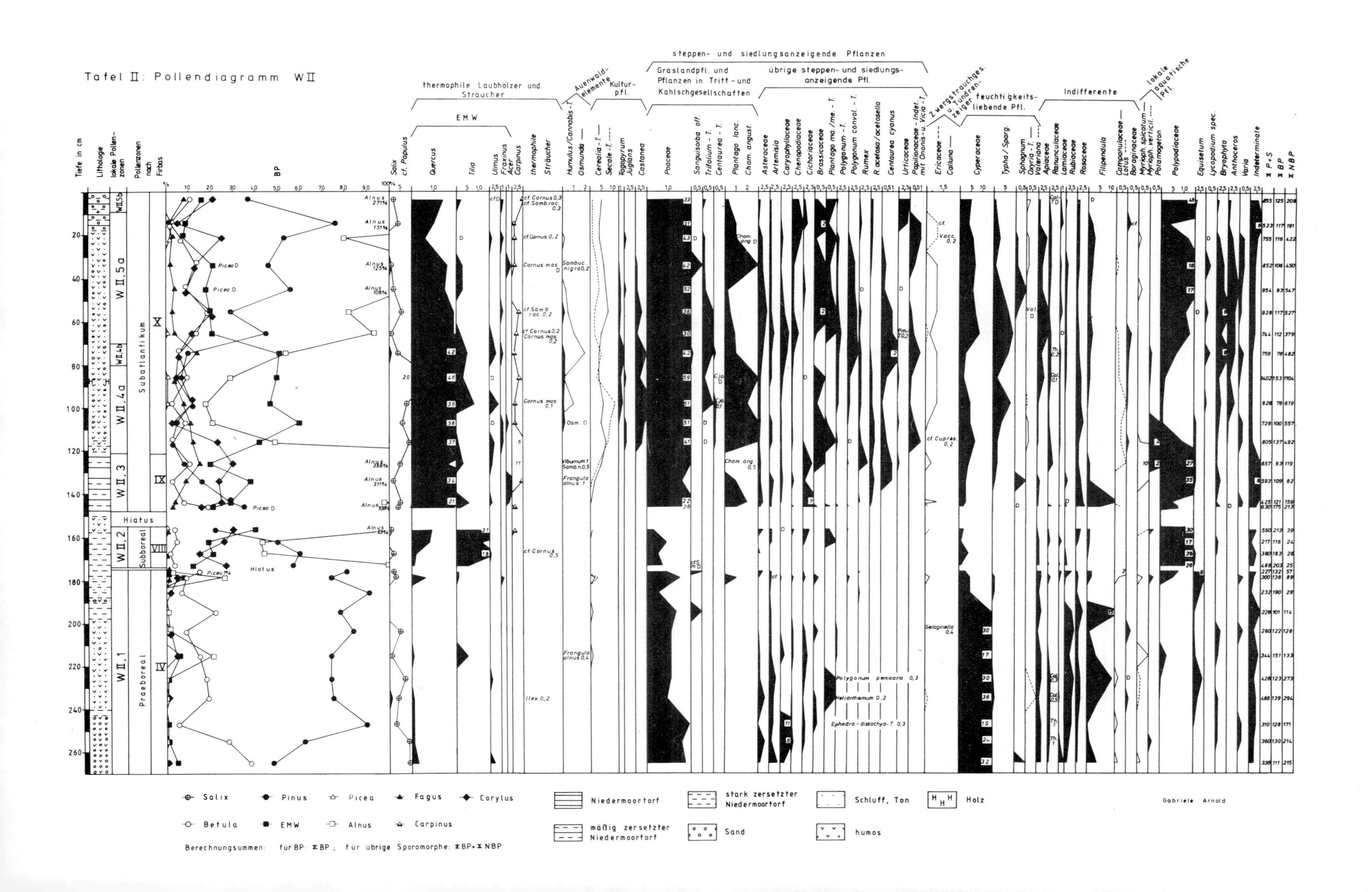

Tafel II: Pollendiagramm W II

Tafel III

Übersichtsdiagramm Wickrathberg I

Tafel IV

Übersichtsdiagramm Wickrathberg II

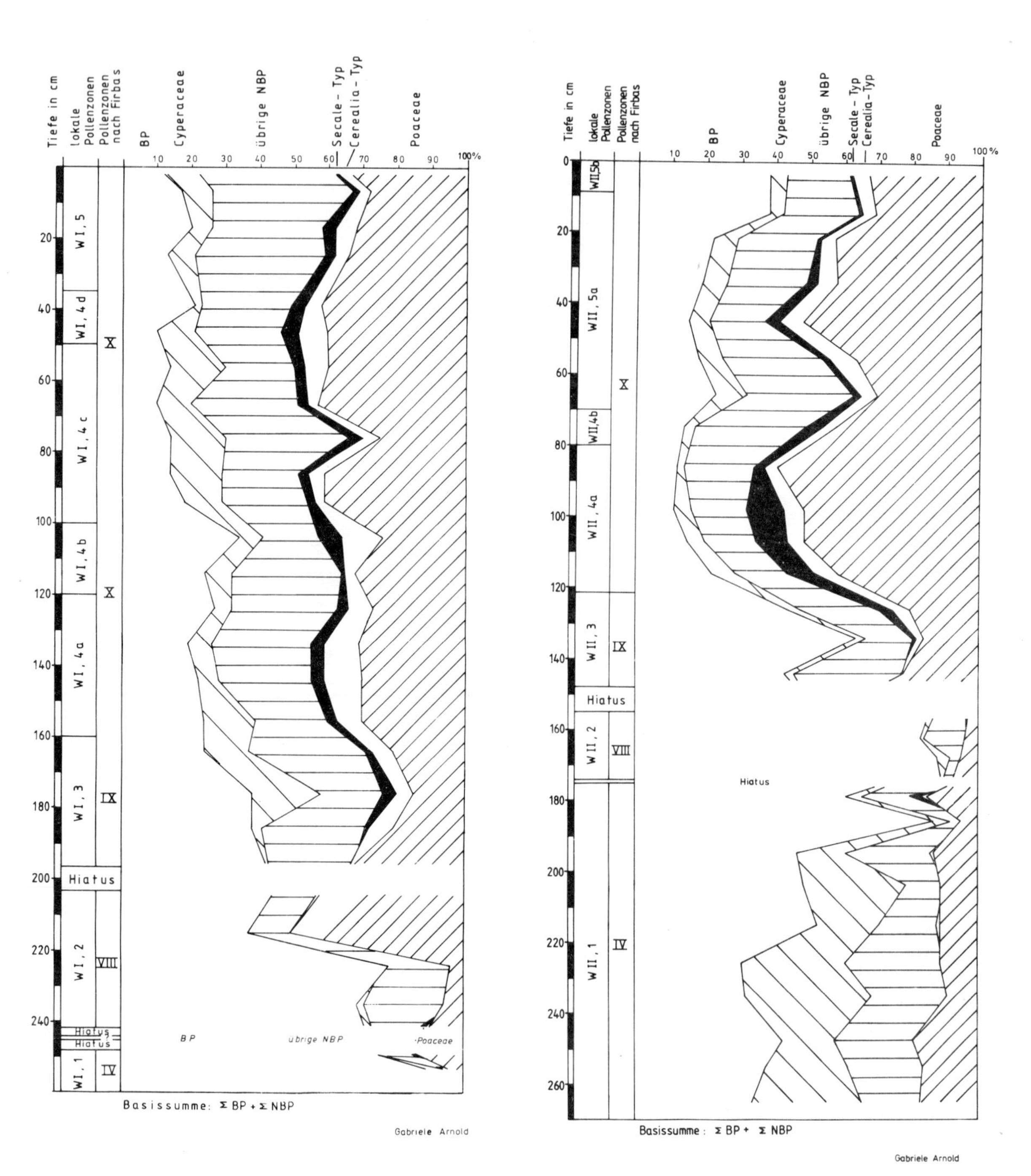

Tafel V: Übersicht über die kultur- und siedlungsgeschichtlichen Abschnitte der Pollendiagramme W I und W II im Raum Wickrathberg

W I

Tiefe in cm	lokale Pollenzonen		W I
0–10	WI, 5	Pinus-NBP-Zone	~19./20. Jh.
10–37			Neuzeit Nadelholzforste (30.-jähriger Krieg/Pest)
37–44	WI, 4d	Pinus Quercus-Z	
44–52			Spät-MA/(Neuzeit) Aufbauperiode, Ende 15. Jh. Reichsunmittelbarkeit
52–62	WI, 4c	NBP-Quercus-Zone	
62–100			Spät-MA Depressionsphase aber keine Siedlungsdiskontinuität 14./15. Jh
100–120	WI, 4b	Pinus Secale-Z.	Hoch-MA Konsolidierungsphase; Gründung d. Burganlage, W'hahn, Buchholz
120–130	WI, 4a	Getreide-Quercus-Zone	
130–150			frühes MA Ausbauperiode, bis 9./10. Jh. Gründung Wickrath
150–160			Übergang frühes MA.,
160–198	WI, 3	Carpinus-Fagus-Quercus-Zone	fränk. Landnahme, Völkerwanderungszeit, späte Röm. Kaiserzeit – – – – – – Siedlungskontinuität seit 3 Jh. n. Chr.
198–205	Hiatus		
205–240	WI, 2	Tilia-Corylus-Zone	Jungneolithikum (Becherkulturen) Feld/Waldwechselwirtschaft um 2250–1800 v. Chr.
240–246	Hiatus		
246–270	WI, 1	Betula-Pinus-Zone	Mesolithikum; Jäger-, Fischer-, Sammlertum um 6800 v. Chr.

W II

Tiefe in cm	lokale Pollenzonen		W II
0–10	WII, 5b	Urtic.-Fagus Pin.-Z.	~19./20. Jh.
10–70 (50)	WII, 5a	Pinus-NBP-Zone	Neuzeit
	WII, 4b	Fagus-Quercus-Z	Depressionsphase
	WII, 4a	Secale-Quercus-Zone	frühes MA fränk. Landnahm.
(140)	WII, 3	Quercus-Carpinus-Fagus-Zone	VW späte RKZ
	Hiatus		
	WII, 2	Pinus-Corylus-Tilia-Zone	Jungneolith.
(260)	WII, 1	Betula-Pinus-Zone	Mesolithikum 8200–6800 v. Chr.

Gabriele Arnold